究極のまちをつくる 1

北の酒蔵よ よみがえれ！

国を動かした地方創生蔵

上川大雪

〝究極のまちをつくる〟シリーズについて

本シリーズは
住民・企業・支援者と行政が
互いに手を差し伸べ合い
唯一無二の地方創生に挑んだ
究極のプロジェクトを取り上げる。
困難な社会課題を突き付けられ
諦めの心にとらわれようとも
あらがうことを忘れなかった
葛藤と奇跡の物語である。

第1弾は北海道の酒蔵《さかぐら》が登場。
酒造《さけづく》りの新規参入を阻む
国の政策に対抗し
過疎の町と支援者が手を携え
奇跡の酒蔵建設を実現。

共鳴する企業が続々と加わり
空前のまちづくりが始まった。
さらに大学や観光都市と組み
酒蔵を通じた地域再生に挑む。

目次

プロローグ

この国では、日本酒造りに新規参入するのは極めて難しい。

日本酒の市場がしぼみ、製造工場である酒蔵の数がピーク時から半減してしまった今でも、酒造《しゅぞう》業界は門戸を閉じたまま、新参者を受け入れようとしていないのである。

理由は、現在の酒税法（1953年施行）に潜むカラクリにある。酒造業界が新しい業者の受け入れを認めない限り、国は製造免許の新規交付を阻むことができる。このカラクリを「需給調整」という。

もしも、業界が望まない新規参入を認めてしまうと、競争によって経営の立ちゆかない既存メーカーが次々と倒れてしまい、業界を所管する国税当局の「酒税の安定確保」はおぼつかなくなる——これが、酒税法の言い分なのだ。

おかしなことに、同じアルコールでも、ビールやワイン、ウイスキーの業界では「需給調整」は行われていない。相次ぐ規制緩和で自由競争が行われるようになった令和の時代でも、日本酒の業界は国の保護を受けられる〝護送船団方式〟のただなかにある。

国税庁が業界の保護にこだわり、新規参入の排除を明確にしたことがある。２０１９年３月。国税庁長官の諮問機関「国税審議会」に出席した民間委員から質問が飛び出した。「日本酒造りに大変興味を持っている人たちが増えています。清酒を造ってみようとした時、清酒の免許の認可というのが、ほとんどもう非常に難しい。免許を取るには、廃業したところの免許を引き継ぐしかない。免許に関して、どのようにお考えですか」

この委員は、ビールの小規模醸造所の開業ラッシュに沸く欧米の影響を受けた日本の若者から「小さな日本酒の醸造所を持ちたい」という声が届くようになっている――と付け加えた。

ところが、国税庁首脳はこれを一蹴する。「およそ経営基盤が安定せずに、試しで造ってみるとなると、業としてどうしても認められないところもあろうかと思います」

リスクを負わず、最初から経営の安定した新規事業者などいるのだろうか。しかも初めの一歩は「試しに」やってみるしかないではないか……。

実は、民間委員の言葉はもう一つのカラクリを明かしている。酒造業界に参入するには「免許を引き継ぐしかない」と。これは、既存メーカーから事業継承し、酒造免許を手に入れる方法。この委員の念頭には、北海道で初めて新規参入に成功した酒造会社があった。

その名を「上川大雪酒造《かみかわたいせつしゅぞう》」という。本州の酒造会社から免許を引き継ぎ、北海道に彗《すい》星《せい》のごとく現れた新規メーカーだ。

この新しい酒造会社は、酒税法で認められた「酒蔵移転」という手法も駆使し、「絶対不可能」といわれた北海道での酒蔵建設に戦後初めて成功。2017年の立ち上げからわずか5年足らずで道内に三つの蔵を造り、空前の酒蔵ブームを巻き起こしている。

しかも酒蔵は愛飲家のものだけではなく、まちづくりのアイテムとなり、奇跡を呼んだ。

一つ目の蔵は、人口減少のやまない過疎のまちと力を合わせて「幻の酒」を生み出し、日本酒ファンの往来が始まってにぎわいを取り戻した。すると、新しい地域再生モデルが共感を呼び、企業や移住者を呼び込んで、多彩な官民連携のまちとして生まれ変わった。

二つ目の蔵は、国立大学のキャンパス内に設けられ、酒造技術者を養成する国内屈指の醸造学の拠点になりつつある。

三つ目の蔵は、観光都市にとって54年ぶりの酒蔵復活となり、魅力ある「地酒」をもたらした。原材料の酒米《さかまい》作りも始まり、荒れ放題の耕作放棄地が息を吹き返している。

この酒造会社を立ち上げたのは、札幌市出身の元野村證券マン。タッグを組んだのは、全国各地の名酒蔵で酒造りの神髄を学び、北海道産の酒米で仕込んだ日本酒で全国新酒鑑評会金賞を受賞した小樽市出身の名杜氏《とうじ》だった。

ただ、その道のりは、あまりにも険しかった。

元証券マンは休眠中の酒蔵を継承し、北海道で新たに酒蔵を建てるため、何度も国税当局に足を運んだ。だが、あらかじめ酒蔵を建てたうえに製造スタッフと販路も用意しないと酒造免許は出せない――と条件を付けられ、国の固い扉を前に、天を仰ぐ。

ところが、事態は急変した。戦後初となる北海道での新しい酒蔵建設構想に、故郷の再生を願う人びとが次々と手を差し伸べたのだ。口火を切ったのは、事情を知った北海道出身の財界人たち。そこへ、共感する本州の酒蔵が支援を宣言し、ついには地方国税局のOBたちも加わって同志の輪が広がった。結集した人びとは想像を絶する力を生み出し、ついに国の固い扉をこじ開けてしまう。

苦難の末に生まれた悲願の酒蔵。それは、やがて「地方創生蔵」と呼ばれるようになった。


（以下、敬称略）

本書の主な登場人物と関連団体

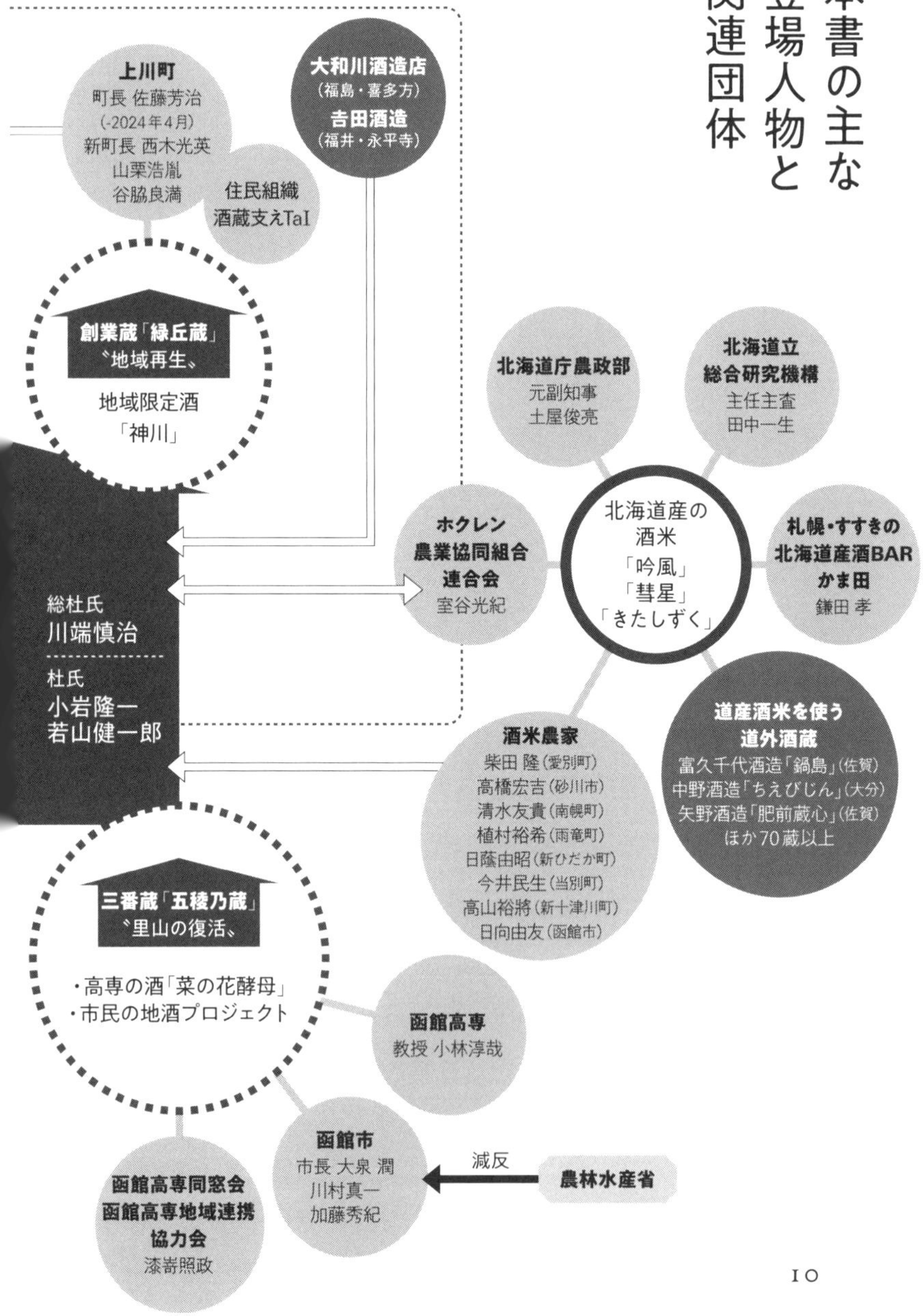

上川町
町長 佐藤芳治
(-2024年4月)
新町長 西木光英
山栗浩胤
谷脇良満
住民組織
酒蔵支えTaI
大和川酒造店
(福島・喜多方)
吉田酒造
(福井・永平寺)
創業蔵「緑丘蔵」
〝地域再生〟
地域限定酒
「神川」
総杜氏
川端慎治
杜氏
小岩隆一
若山健一郎
北海道庁農政部
元副知事
土屋俊亮
北海道立
総合研究機構
主任主査
田中一生
ホクレン
農業協同組合
連合会
室谷光紀
北海道産の
酒米
「吟風」
「彗星」
「きたしずく」
札幌・すすきの
北海道産酒BAR
かま田
鎌田 孝
酒米農家
柴田 隆(愛別町)
高橋宏吉(砂川市)
清水友貴(南幌町)
植村裕希(雨竜町)
日藤由昭(新ひだか町)
今井民生(当別町)
高山裕將(新十津川町)
日向由友(函館市)
道産酒米を使う
道外酒蔵
富久千代酒造「鍋島」(佐賀)
中野酒造「ちえびじん」(大分)
矢野酒造「肥前蔵心」(佐賀)
ほか70蔵以上
三番蔵「五稜乃蔵」
〝里山の復活〟
・高専の酒「菜の花酵母」
・市民の地酒プロジェクト
函館高専
教授 小林淳哉
函館市
市長 大泉 潤
川村真一
加藤秀紀
減反
農林水産省
函館高専同窓会
函館高専地域連携
協力会
漆嵜照政

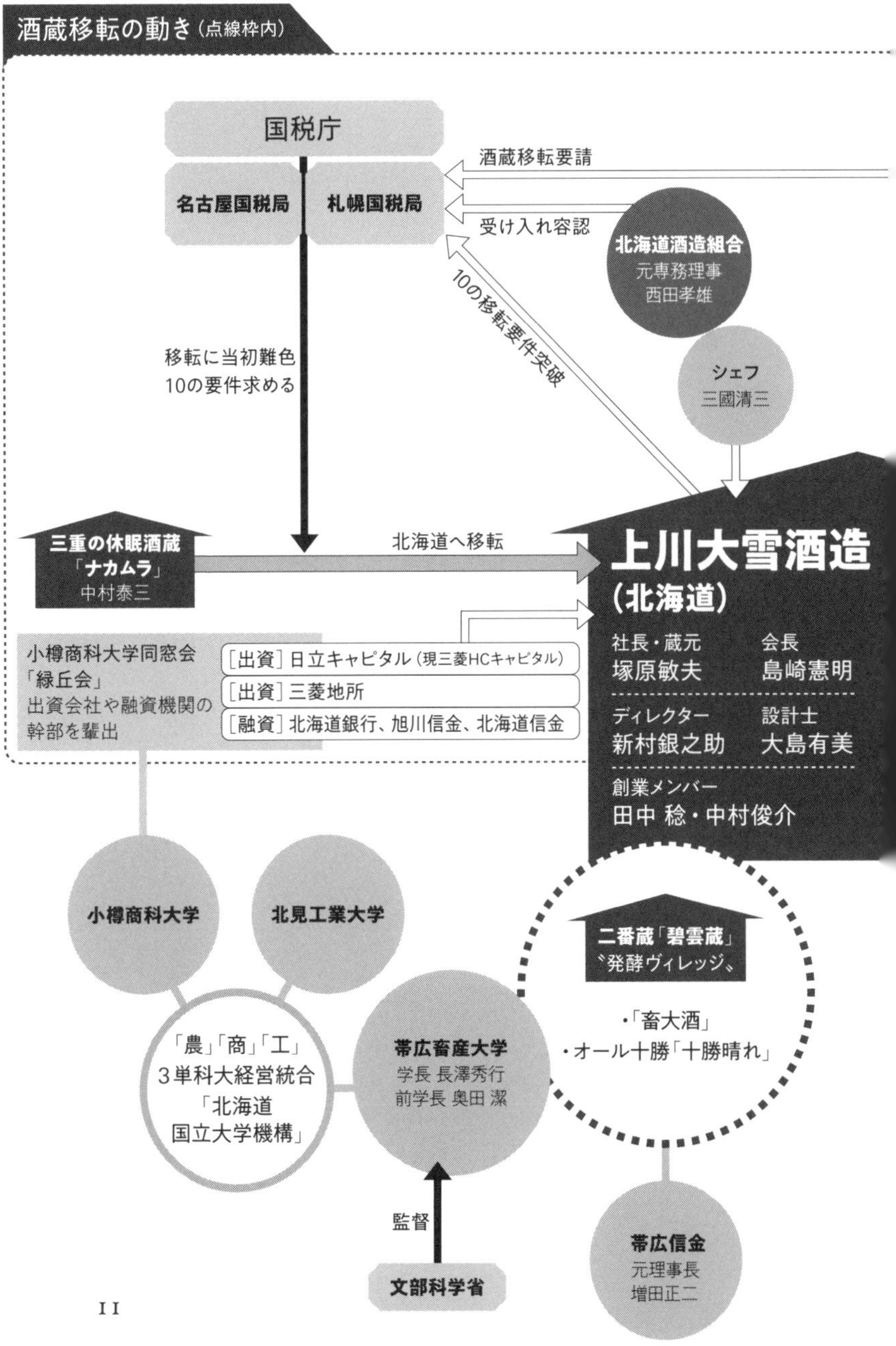

酒蔵移転の動き（点線枠内）
国税庁
名古屋国税局
札幌国税局
酒蔵移転要請
受け入れ容認
北海道酒造組合
元専務理事
西田孝雄
10の移転要件突破
移転に当初難色
10の要件求める
シェフ
三國清三
三重の休眠酒蔵
「ナカムラ」
中村泰三
北海道へ移転
上川大雪酒造
（北海道）
社長・蔵元
塚原敏夫
会長
島崎憲明
ディレクター
新村銀之助
設計士
大島有美
創業メンバー
田中 稔・中村俊介
小樽商科大学同窓会
「緑丘会」
出資会社や融資機関の
幹部を輩出
［出資］日立キャピタル（現三菱HCキャピタル）
［出資］三菱地所
［融資］北海道銀行、旭川信金、北海道信金
小樽商科大学
北見工業大学
「農」「商」「工」
３単科大経営統合
「北海道
国立大学機構」
帯広畜産大学
学長 長澤秀行
前学長 奥田 潔
二番蔵「碧雲蔵」
〝発酵ヴィレッジ〟
・「畜大酒」
・オール十勝「十勝晴れ」
監督
文部科学省
帯広信金
元理事長
増田正二

年表

	上川大雪酒造の動き	国や北海道の動き
1953年		酒税法が施行され、酒造免許の交付要件に「需給調整」が盛り込まれる
2000年	三重の酒蔵「ナカムラ」が民事再生手続き開始	酒米の「吟風」が北海道優良品種に認定
2006年		酒米の「彗星」が北海道優良品種に認定
2011年	「ナカムラ」が民事再生を完了	
2012年		北海道の杜氏・川端慎治が「吟風」を使い、2011年度全国新酒鑑評会で金賞受賞
2013年	塚原敏夫が北海道上川町のレストランをオープン	
2014年	上川町の公営ガーデンがグランドオープン	酒米の「きたしずく」が北海道優良品種に認定
2015年3月	塚原が「ナカムラ」の事業継承検討。以降、三重の税務署と移転手続きの折衝開始	
2016年6月	塚原が関係者と酒蔵事業キックオフミーティング	
2016年夏	川端が酒蔵事業に参加。後に杜氏就任	
2016年11月	上川町で酒蔵建設着工	
2016年12月	三重の税務署へ移転申請	
2017年4月	上川町に創業蔵「緑丘蔵」が完成	
2017年5月	北海道の税務署が移転を許可。試験醸造始まる	
2017年秋	地域限定酒「神川」の初仕込み	
2019年7月	帯広畜産大学が酒蔵誘致を発表	
2019年11月	帯広畜産大学で酒蔵建設着工	
2019年12月		日本酒の輸出用製造免許に限り、最低製造数量要件を撤廃するとの税制改正大綱を閣議決定
2020年5月	帯広畜産大学に二番蔵「碧雲蔵」が完成	
2020年7月		試験醸造免許が小売業に初交付
2021年5月	函館市の小学校跡地に酒蔵建設着工	日本酒の輸出用製造免許が福島の業者に初交付
2021年9月	「碧雲蔵」で帯広畜産大学オリジナルの日本酒完成	
2021年11月	函館市に三番蔵「五稜乃蔵」が完成	
2022年4月		3大学が統合して北海道国立大学機構発足
2022年5月	2021年度全国新酒鑑評会で「緑丘蔵」「碧雲蔵」「五稜乃蔵」の3蔵すべての出品酒が入賞	
2022年10月	「―北海道米でつくる―日本酒アワード2022」で3蔵がグランプリなど同時受賞	

上川編

希望の酒蔵

緑丘蔵《りょっきゅうぐら》

大雪山系の雪解け水が湧き出す
石狩川のほとりに建てられた。
延べ床面積約4百平方メートルで
一軒家を思わせる2階建て。
漆黒の外壁が印象的。
年間製造量90キロリットル。

緑丘蔵
上川大雪酒造

一・過疎化の波にさらされて

秘境のまち

神々が遊ぶ庭「カムイミンタラ」

北海道上川町のまちなかにあるJR上川駅の駅頭に、赤いのぼりが寒風にはためいていた。

「上川町から世界の頂点へ　高梨沙羅」

北海道の中心都市である札幌市で育った野村證券出身のビジネスマン・塚原敏夫にとって、上川町は未知の土地。「スキージャンプ五輪メダリストを生んだウインタースポーツのまち」という程度の知識しか持ち合わせていなかった。

塚原は車に乗り、一路、山岳方面へと向かった。10キロほど進むと、道路は行き止まり。この先、雪に覆われた丘陵地帯の道なき道をスノーモービルで進むよりほか、目的地にたどりつくすべはなかった。2012年2月のことである。

スノーモービルに乗り換えて奥地へ進むと、やがて一気に視界が開けてきた。小高い丘にたどり着いたとき、そこから見渡す光景を前に、塚原はぼうぜんと立ち尽くす。

「これが、伝説のカムイミンタラなのか」

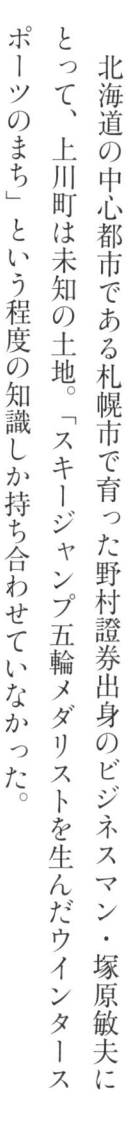

19　上川編　希望の酒蔵

2千メートル級の山々がパノラマ状に峰を連ねる雄大な大雪山系が広がり、その裾野に、真っ白に染め抜かれた雪の大地が地の果てまで続いている。日本最大級の国立公園「大雪山国立公園」を独り占めできる絶好のロケーションに立っていたのだ。

アイヌ語で「神々の遊ぶ庭」と称されるこのエリアは、確かに、人間を寄せ付けない厳粛な雰囲気に包まれていた。塚原が後年、この地で初めて造った酒に「神川」と名付けたのは、この体験に基づいている。

神々しい光景を一望できるこの丘に、上川町はガーデン施設「大雪 森のガーデン」を計画していた。千種類近くの草花や樹木を備える一大庭園構想である。

その丘から山並みを眺望できる位置に40席のレストランと宿泊施設「ヴィラ」4棟からなるオーベルジュを誘致するプランが、塚原の元に持ち込まれていた。

夕張の悪夢

プランの発案者は、上川町長の佐藤芳治（2024年4月引退）。08年に初当選し、町の過疎化に歯止めをかける秘策を模索していた。1967年に町役場に採用されてから半世紀にわたり、町の栄枯盛衰を見つめてきた。佐藤は言う。

「上川町はもともと林業のまちでした。多くの犠牲者を出した洞爺丸台風（54年）の影響でトドマツやエゾマツの原生林が一斉になぎ倒されて、その大量の倒木処理と造林事業による復興事業のおかげで繁栄したんです。当時、『木材引取税』という町税がありましてね。木材の取引量は莫大で、町税もどんどん入ってくる。国の地方交付税に頼らなくてもいいほど、財政豊かなまちでした」

だが、復興事業が終わると、木材関連工場の閉鎖が相次ぎ、主要産業を失った町は過疎化の波に襲われる。人口は１９６０年の１万５２８９人をピークに下降の一途。佐藤の町長１期目の２０１０年には４５３２人まで減少していた。

「残念なことに、町のなかには往時の感覚が染みついてしまっていてね。『町にはカネがある』『何でも町がやってくれる』という意識がずっと残っていました」

北海道では悪夢のような事態も起きていた。全国屈指の炭鉱のまち・夕張市が相次ぐ炭鉱閉山に見舞われ、２００７年に財政再建団体へと転落。市の財政は破たんしてしまった。

佐藤が上川町長に初当選したのはその翌年。〝夕張の悪夢〟を恐れた町民たちは、新人町長の両肩にまちの未来を託したのだ。

町長の秘策――ガーデン構想

「上川町の層雲峡温泉はすばらしい。でも、このままでは客足も先細りになりますよ」台湾やシンガポールの誘客活動に乗り出した佐藤は、観光客を集めるリクルーターからそう言われ、「もう一つ、素敵な観光スポットがほしい」と注文が付くようになった。

層雲峡温泉とは、百年以上の歴史を持つ道内屈指の温泉地。切り立つ渓谷と真冬の「氷瀑まつり」が人気で、ピーク時の1990年代には年間3百万人の来訪客を数えた。

だが、その後の客足は3分の2まで落ち込む。温泉と宴会目当てに大型バスでやって来て、翌朝にはそのまま帰っていく団体客主体の時代から、地域の観光資源をゆったりと楽しむ滞在型へと旅行スタイルが変化していた。近年、宿泊数の3~4割をアジアの旅行客が占め、ますます温泉情緒だけでは飽き足らなくなっていたのだ。

「そこで、大雪山系を一望できるあの丘で仕掛けるしかないと発想したんです。あの一帯は、写真家が続々とやってくる絶好の撮影スポットになっていましたから」

この一帯には道内屈指のダイコンの生産地がある。写真を撮ろうと見物客が畑に入り、農作業を妨げる「観光公害」がすでに起きつつあった。当時、近隣の美瑛町は、じゅう

大雪 森のガーデン

大雪山系を望む丘陵地帯に造られた庭園。900品種を超える色彩豊かな草花が咲き誇る「森の花園」、自然の木々や可憐な山野草に囲まれてくつろぐ「森の迎賓館」、家族みんなで楽しめる「遊びの森」の三つのエリアから構成。レストランや宿泊棟、カフェ、ショップも併設されている。

たんを敷き詰めたような色とりどりのラベンダー畑が有名になり、心ない観光客に畑を荒らされ、住民は困り果てていた。上川町も、美瑛の二の舞になるかもしれない――。

「そこで、一定の整備をやった後、ルールを作って、カネも落ちる仕組みを作れないか。そう思って始めたのが『大雪 森のガーデン』プロジェクトだったんです」

佐藤はさらにガーデンの付加価値を高めようと、地元の食材を生かした一流シェフのレストラン誘致も計画した。この地を訪れないと味わえない唯一無二の食の魅力を発信できれば、新たな誘客効果が生まれるはずだ。そこで佐藤は「ほぼ100％無理だろう」と覚悟の上で、北海道出身のあの大物シェフに賭けてみようと思い立った。

レストランに夢を抱いて

三國清三シェフへの直訴

「いったい、どういうつもりなのかね、君たちは」

東京・元赤坂の迎賓館そばに建つ高級フレンチレストラン「オテル・ドゥ・ミクニ」のオーナーシェフ・三《み》國《くに》清《きよ》三《み》は、上川町役場からやってきた来訪者にいらだっていた。

三國の出身は、上川町から西に140キロほど離れた日本海に面する漁師のまち・増《まし》毛《け》町。同じ北海道出身のよしみで面会に応じたまではよかったが、職員の話を聞いていると、話がなんとも怪しい。

レストラン誘致の当てにしていたシェフが急に降りると言い出し、「ダメ元で三國シェフに頼んで来い」と町長に言われたという。三國はあきれ顔になった。

「君たち、ぼくにそのシェフの尻ぬぐいをしろって言うのかい」

オテル・ドゥ・ミクニといえば、岸田文雄や安倍晋三ら歴代首相をはじめ政財界の有力者やスポーツ、芸能の各界著名人が足しげく通う社交場として知られた。料理界の顔役として幅広い人脈を誇る有名シェフを前に、上川町の申し出は不遜に聞こえた。

「ぼくを誰か、知ってるの？」

「よく存じております」

「そのぼくに尻ぬぐいさせろ、と町長は言うの？」

町長の指示がよほど切実だったのだろう。上京した職員たちは引き下がろうとしない。そんな姿を見て、三國は我が身を思った。

増毛町の中学を卒業した三國は、1964年開催の東京オリンピックで総料理長を務めた帝国ホテル（東京都千代田区）の初代総料理長・村上信夫の門を叩き、2年の下積みの末に才能を見いだされた。推薦状を手に欧州にわたり、駐スイス日本大使館の料理長に就任。その後、フランスにあるミシュランの星つきレストランをわたり歩いて腕を磨いた立志伝中のシェフだ。

「和」の色彩を取り入れたフレンチは国内外に知れ渡り、フランス本国から栄誉あるレジオン・ドヌール勲章を授与され、「世界のミクニ」の名をほしいままにしていた。

それでも、廃れていく故郷を思わぬ日はなかった。上川町の窮状を訴える職員の声に、三國のかたくなな心は次第にほだされていく。

「尋常じゃない情熱を感じたんだよ」と三國は振り返る。「職員をここまで奮い立たせた佐藤という町長と組んでみてもいいと思ったんだ」

一歩も譲らない職員を前に、三國は試すように言った。

「ぼくにレストランを任せると、高く付くよ。その覚悟があるなら、引き受けてもいい」

望外の返事を喜んだ職員たちは、町に戻ると、佐藤に子細を報告した。佐藤は、ガーデンの成功を三國のレストランに賭けようと腹を決めた。

フラテッロ・ディ・ミクニの誕生

実は、三國と上川町職員とのやりとりをそばで聞いていた人物がいた。塚原だった。三國は、隣に座る塚原に「この話、どう思う?」と突然ささやいてきた。必死に説得を試みる職員の様子を見ていると、塚原は黙っていられなくなった。

「ここまでお願いされているんです。手伝ってみてもいいんじゃないでしょうか」

すると、三國はふと、ほほ笑んだ。

「だったら、塚原君、君がレストランの会社をつくってくれないか」

三國がこんな頼み事をたやすくするのには、訳がある。

塚原の実家は、古くから札幌市の繁華街「すすきの」で全国各地の地酒と郷土料理を楽しめる飲食店を経営していた（現在は閉店）。ニッカウヰスキー創業者の竹鶴政孝もなじみ客の一人だったといい、北海道を支える食や酒に携わる経済人らとゆかりがあり、フレンチレストラン「ミクニ サッポロ」（札幌市）をプロデュースしていた三國との縁も生まれたという。

塚原自身は野村證券に入社後、生命保険会社の旧アリコジャパン、ヘッドハンティング会社の縄文アソシエイツを経て、無添加の通販化粧品メーカー「ハーバー」グループの役員に転じたころだった。北海道の食材や生産者を三國が紹介する「ミクニプロデュース」なるテレビ番組の企画が持ち上がり、スポンサー探しを頼まれた塚原は、会社に掛け合ってハーバーの1社提供番組にこぎつけた。番組は評判になり、2年ほど続く。塚原は三國にとって、まるで打ち出の小づちのような得難い存在だったのだ。

上川町のレストラン誘致に思わぬ形で応じることになった塚原は、資本金30万円を工面し、運営会社「三國プランニング」を立ち上げる。塚原が言う。

「役員は三國シェフとわたしだけ。当時、ハーバーから転じてリクルートＥＸのサーチ型人材紹介事業の立ち上げにかかわっていたんですが、二重就業ができないので、きっぱりと辞めて、レストラン業に専念したんです。会社設立は2011年で、三國シェフの誕生日でもある8月10日。その日が、わたしの脱サラ人生を決定付けた日となりました」

建設予定地は大雪山系を一望できる丘陵地。初めて訪れた三國は、フランスの有名レストラン「ミシェル・ブラス」のロケーションにそっくりだと驚いた。同店は田舎町にあり、見渡す限りの高原を一望できる高台にたたずみ、リピーターが後を絶たない世界的名店だ。

上川町の期待を一身に背負った三國は、ミシェル・ブラスに負けまいとレストランの造りにこだわった。内装を担当した札幌市出身の設計士・大島有美が当時を覚えている。

「北海道の素材をなるべく使いたい。いや、全部じゃなきゃダメだ」

三國のこんな檄が飛んだという。大島は、店内の調度品に高級家具「旭川家具」、壁面には道産のトドマツをあしらうことにした。床には江別市特産のレンガを、ピザ用の釜には近隣で採れる「鉄平石」をそれぞれ使い、風合いを出すことにした。

その土地でないと出会えない素材や産品を使えば、必ずや、上川町らしさを発信できる観光スポットになり、リピーターは増える――この三國のこだわりは、町長の唱える「町の価値を引き上げる」に通じるものだった。

2013年7月、レストランが完成。店名を「フラテッロ・ディ・ミクニ」と名付け

た。「三國の兄弟」の意味だ。シェフは、東京・四谷のイタリアンシェフ・宮本慶知《よしとも》。三國に見いだされ、家族そろって上川町へ移住した。手がけるイタリアンは評判になり、のちにミシュランガイド北海道2017特別版の一つ星に選ばれた。料理の良さは、折り紙付きだった。やがて四つのヴィラ（宿泊棟）も整い、国内屈指のオーベルジュができあがる。塚原が言う。

「大雪山系の山並みと夜の星空が美しく、カップルや家族連れの人気スポットになりました。評判を聞いた駐日米国大使がご家族でヴィラを1週間貸し切って過ごし、丁寧なお礼をいただいたこともあります。上川町の知名度は着実に上がると思いました」

ところが——。肝心のガーデン施設はレストランのオープンに間に合わず、完成は翌14年に持ち越される。越冬のシーズン、植えた苗木は添え木の不備で雪の重みに耐えられず折れてしまい、敷き詰めた芝生もうまく根付いていなかったのだ。

丸坊主の丘にポツンとたたずむレストラン。これでは、ガーデンからレストランに流れ込む客足が期待できない。塚原の脳裏によぎる不安。それをさらにかき立てる事態が起きる。

撤退の危機

議会の反発

「なぜ、そこまでレストランを重視するのか。ガーデン完成後、観光客の入込数を見据えた上で、長期計画として考えるべきではないですか」

レストランとヴィラからなるオーベルジュ構想が動き出すと、町議会は火を吹いたような騒ぎになった。議会を刺激したのは、投資額だ。

町は、「大雪 森のガーデン」の事業費を負担し、運営を民間に任せる「公設民営」方式を採用した。開業予定だった2013年度分として、町の歳出総額の1割に近い4億7380万円を計上。その6割近くをオーベルジュに費やす計画になっていた。町長の佐藤はこれを地方債でまかなうという。すなわち、町の借金だ。

その後も出費はかさみ、16年度までに総事業費は15億円に膨れ上がっていく。町議会はすかさず「調査特別委員会」を立ち上げ、町の姿勢をただすことにした。

議員から「ガーデン事業全体の見通しは立っているのか」と質問されたときだった。

「そんなこと、分かる訳ないじゃないですか」

佐藤の発言に、議場は目も当てられぬ騒ぎとなる。猛反発する議員から砲火を浴びる佐藤。一緒に議場の席に並んだ町の幹部たちは、苦しい表情で天井を見上げた。

佐藤は発言の機会を得ると、議会に呼びかけるように言った。

「将来の見通しが分かるんだったら、苦労しないんです。挑戦するってことは、可能性を引き出すことでしょ。何もしなければ、何も始まらない。可能性に賭けるか、黙って町が衰退するのを待つか。どっちを選びますか。わたしは前者を選びたいんです」

上川町では、ガーデンをメイン会場とするイベント「北海道ガーデンショー2015大雪」（15年5月〜10月）を開催し、知名度を全国区に引き上げるチャンスに賭けた。

町の報告書によると、期間中の来場客は10万4287人、経済効果は15億円に上った。このうち町民の所得に結び付いたのは9億1500万円、就業者は184人だったという。数字を見る限り、イベント効果は確かにある。問題は、その後だった。

翌16年度、入園者は前年度の3分の1まで減り、収益から経費を差し引くと、利益はマイナス5500万円になった。イベント効果で増えた来場者数を維持しようともくろんだ町は、数字を見る限り、厳しい現実を突きつけられていた。

誤算だった冬の厳しさ

そのとき、塚原は佐藤に向かって声を荒らげていた。

「わたしは、人生懸けて借金して、子育てしながらレストランをやっているんです。もっと町が支援してくれないと、立ち行かなくなるんですよ」

いつになく激しい剣幕に、佐藤も言い返していた。

「おれだって、町長として、人生懸けてるんだ」

2人は明らかに行き詰まっていた。

問題は、雪に閉ざされた真冬のシーズンにあった。

「大雪 森のガーデン」の冬季事業を2016年12月23日から17年3月20日を例にとってみよう。入込客は大人・子どもを合わせて303人。この来訪者数がレストランや宿泊客にそのまま結びつくことはなく、オーベルジュの冬季営業は厳しさを増していた。

しかも町長は、議会答弁で「オーベルジュに対する町からの管理料の支払いはありません。運営費の助成は考えておりません」と発言。費用負担を期待することもできなかった。

塚原は思った。この山奥では、集客なんて簡単にできやしない。宮本シェフもスタッフも頑張っているが、どうあがいても、雪に閉ざされたシーズンに客が来るはずもない。

塚原は町に対し、「誘客専門の営業マンを民間から雇うべきじゃないでしょうか」と提案したこともあったが、かなうことはなかった。塚原は言う。

「わたしは従業員を雇った以上、そこから逃げられない。給料を払い続けること、それしか、目標はありませんでした。子どものいる家庭だったら、学費がかかるから、給料も上げないといけない。それは、子どもを抱えたわたしが一番分かっていました」

実は、前述のガーデンショーが始まる直前の2015年3月、塚原は2度目の冬のシーズンも終わりを迎え、すでに経営は苦しくなっていた。塚原は思い詰めたように、佐藤に告げた。

「レストランを2週間休ませていただきます。出張イベントに宮本たちを連れていきます。少しでも稼がないと……」

差し込む光——酒蔵移転

再生の地・四日市

塚原は2015年3月、フラテッロ・ディ・ミクニのホームページに2週間の休業を告知すると、スタッフを連れて名古屋市に向かった。

JR名古屋駅に直結するジェイアール名古屋タカシマヤでは「大北海道展」が開催されていた。人気のイタリアンがお値打ちに食べられるとあって、フラテッロ・ディ・ミクニは盛況だった。

この2週間、塚原はある思いにふけっていた。名古屋を中心とする東海エリアは、忘れがたい思い出の地だったからである。

小樽商科大学を卒業後、1990年に野村證券へ入社した塚原は、初任地の札幌支店で4年勤め上げると、同僚だった妻と一緒に本州へわたり、名古屋から電車で40分ほどの三重県四日市市の支店に赴任した。大学の漕艇部（ボート部）で鍛えた20代の体力あふれる証券マンは、四日市エリアの企業オーナーや富裕層を相手に「この企業の株や債券を買ってください」とくまなく営業して回った。株のことなどまったく興味のない人もいる。売り込みたいと定めた人にどう接したらいいか、追求する日々だった。おかげでぐんぐんと成績は上がった。そして、繁華街にもなじみの店を数多くつくっていく。

実績が認められ、4年後には激戦地の大阪・天王寺駅の支店に配属。ところが当初から上司と折り合いが悪く、1年後、塚原は野村證券を去ることになる。

だが、敏腕の証券マンをほおっておくわけがなかった。アリコジャパン（当時）から引き抜かれたのだ。アリコに勤務地の希望を聞かれ、迷うことなく四日市を選んだ。

「でも、歩合給の保険セールスに当初興味は湧きませんでした」と塚原は言う。四日市では毎日のようにパチンコに通い、才覚がなく、負けが続いた。まっすぐに帰ってもつまらないからと証券マン時代のなじみのバーに通い詰め、決まって夜中に帰る。

小さなアパートには2歳と0歳の娘がスヤスヤと寝息を立てていた。「何をしているんだ、おれは」。そうひとりごちては、落ち込んだ。

歩合制では、営業をしないと稼ぎはなく、転職して数カ月後には家賃が払えなくなっていた。妻は、もしものためにと思い、野村證券時代の最後のボーナスを大事に残しておいた。おかげでアパートを追い出されずに済んだ。

「やっぱり、このままじゃダメだ」

塚原の心にようやく火が付いた。奮起した塚原は挽回し、1年後には四日市の拠点でナンバーワンになっていた。本社の目にとまった塚原は東北地区の拠点長に最年少で抜擢され、その後、東京にある閉鎖寸前の営業拠点を託されると、急成長させて拠点長評価全国1位になり、評判になった。海外の表彰旅行に妻とともに招待されたほどだ。振り返ると、塚原が絶体絶命のピンチに立たされたとき、立ち直ることができた場所は四日市だった。そして今、飲食業に転じ、再び苦境にあえいでいる……。

そんな思いにふけっているときだった。

運命の再会

「あれ、塚ちゃん、ビジネスマンじゃなかったの」

名古屋タカシマヤの「大北海道展」に姿を現した男性から声を掛けられ、塚原は驚いた。20代のころからよく通った四日市のバーのマスター・中村泰三だった。

2人は再会を心から喜んだ。中村は、野村證券やアリコジャパンで鳴らした畏友が飲食店経営に転じた姿を見て、にこやかなまなざしを向けると、ふと、自身の身の上を語り出した。

「いやぁ、うちの蔵は民事再生をやってね。おやじは80歳を過ぎたし。たたむことにしたんだ」

中村は、四日市の酒造会社「ナカムラ」の蔵元（経営者）だった。１９５５年にできたこの酒蔵の元経営者は、中村の父親。三重にある四日市税務署の酒類担当から酒蔵経営に転じた珍しい経歴の持ち主だった。

中村本人は、四日市でバーを経営し、酒蔵はもっぱら父親が切り盛りしたが、経営が思わしくなくなり、製造をやめて、事実上の休眠状態に入っていた。

再会した2人は会場の片隅で実に4時間以上も話し込み、来し方行く末をとことん語り合った。なかでも、塚原と三國との出会いからレストラン経営に至る話は、中村の興味を誘った。飲食業界にいれば、三國の知名度はいやというほど分かる。その知名度を手にしている塚原には、限りない可能性があるように思えてならなかった。

中村はこのとき、外資による酒蔵の買収話が持ち上がっていると打ち明けた。

「そんなことになってるんだ」と相づちを打つ塚原に、中村は言った。

「塚ちゃんには、三國シェフがいるじゃないか。どうだい、三國さんの名前を使って酒蔵を経営してみるのは」

塚原にとって、いつも運命のささやきは突然やってくる。レストラン経営の道に誘い込んだ三國のささやき。そして今度は、休眠中の蔵元からの思わぬ提案だった。

塚原には、この提案にしっくりくるところがあった。中村によると、酒造りというのは農閑期である冬のシーズンに行われ、農作業のない農家が蔵人《くらびと》として働く場になっていた。

そうだ。レストランが雪に閉ざされて客足が遠のく冬こそ、酒造りのシーズンなのだ。これなら、レストランの従業員も食いつなぐことができるかもしれない――。

決断――地酒のない町に酒蔵を

「日本酒をやりたいんですよ、町長」

上川町長の佐藤を前に、塚原はそう言い出すと、思い詰めた表情を浮かべた。

「日本酒？　いきなり日本酒って」

佐藤は面食らった。つい先日まで、レストランをどうしようかと激しくやりあったばかりだった。その端から、日本酒をやりたいとは……。

塚原によれば、年間200万人を迎える温泉地や大雪山系の眺望を楽しめるスポットを抱えながら、特産品らしいものがない。観光ニーズを考えれば「地酒でしょ」と言う。

「なるほど」と佐藤はうなずいた。集客がいま一歩及ばないなら、客を誘い込むアイテムを用意したらいい。そこで、地酒か。さすが、民間人の発想だ。われわれ公務員の常識にとらわれず、ぶつかった壁を突破しようと攻めている。すごい男だ、と心底思った。「町長。昔は北海道にもたくさん酒蔵があったのに、今は十カ所ちょっとしかない。戦後、酒蔵は生まれてないんです。ぜひ、上川町のために酒造りをやってみたいです」「町のために」と言われ、佐藤は胸を突かれる思いだった。ただ、ふとわれに返って「ところで塚原さん、誰が酒蔵を造るんだい」と問い返した。すると塚原は言った。

「わたしがやります」


実際のところ、佐藤に切り出すまで、塚原の心に葛藤があった。資金をどう捻出したらいいものか……。大学生と高校生の娘がいた。学費の工面が大変な時期。それでも妻に内緒で、自身の生命保険を解約して5百万円を用意し、会社の資本金に充てると決めていた。

後年、酒蔵経営が無事に走り出した後、解約話を妻に打ち明けると、「それ、聞いてないよ」とビックリされた。「いいじゃん、おれ、死んでないんだから」と塚原は笑い飛ばした。だが、あの瞬間は確かに、一世一代の大勝負に打って出たのだ。

二．地方から国を動かす

国税の壁

閉ざされた門戸

「ここから北海道に酒蔵を移すんですか」

2015年春。塚原敏夫たちの訪問を受けた三重・津税務署の酒類指導官（酒税の専門職員）は、半信半疑で聞き返していた。

指導官には、あまりにも謎めいた話に聞こえたに違いない。畑違いのレストラン経営者が休眠中の酒造会社を買い取っても、資金や人材がなければ経営できるはずもない。1千キロ以上かなたの北海道へ免許だけ持っていかれ、転売でもされようものなら、酒税行政の汚点になってしまう――。

塚原が振り返る。

「会社の株を買い受けて、北海道に引っ越しさえすればいいと思っていたんです。ところが税務署には驚かれ、業界からも『移転なんて認められるわけがない』と言われました。酒税法の壁がある。それは越えられないと」

プロローグで紹介したように、戦後に施行された酒税法は、日本酒の業界が新規参入の受け入れに口を出せる「需給調整」と呼ばれる手続きを設けたため、製造免許の新規交付は高い壁に阻まれていた。

これには時代背景がある。日本酒は「國酒」と呼ばれ、戦前、高率の酒税をかけられて戦費調達の重要な財源となったいきさつがあり、日本酒の業界は国を支える産業として厳しい国家統制の下に置かれた。その代わり、戦後、国に尽くした功績から、既存メーカーたちは新規参入の波をかぶることのないよう国の保護を受けた。酒税法に埋め込まれた「需給調整」というカラクリは、重い歴史を背負った〝遺構〟だったのだ。

その結果、何が起きたか。国税庁によると、日本酒消費量のピークだった1970年代に3千カ所余りを数えた酒蔵は、2010年代には半減してしまう。しかもその99%以上は中小企業。日本酒市場がしぼむなか、経営難から休眠状態に陥った三重の「ナカムラ」のような酒蔵は続出していたのである。

なぜ、ここまで国はかたくななのか。取材を進めていくと、政府関係者がこんな内情を打ち明けた。

「政府側が自ら新規参入を阻んだという単純な話じゃない。むしろ話は逆で、本気で規制緩和に動こうとしたところ、猛烈な圧力がかかったんだ」

業界団体と安倍政権の激突

塚原が動き出した2015年といえば、当時の安倍晋三政権が各省庁の握る〝岩盤規制〟に風穴を開けようと乗り出していた時期に当たる。一連の規制改革の一環として、4年後の19年には、輸出用の日本酒に限ってではあるが、「需給調整」と最低製造数量（年60キロリットル）を撤廃し、戦後初めて新規の製造免許交付に門戸を開く酒税法改正に動き出した。ところがその間、〝事件〟が起きた。

入手資料によると、国税庁長官に対し、既存の酒造会社が加盟する日本酒造組合中央会が2度にわたってこんな要望書を突き付けたのだ。

「経営に不安なく安心して酒造りに取り組めるよう傘下蔵元の懸念や心配を払拭するような対応、対策を講じていただきますようお願いいたします」

その理由として「これまでの苦労や懸命な努力に配慮が乏しい」「外国資本や大手資本の新規参入は脅威」「質の悪い日本酒の出回り」「酒造技術者等の既存蔵元からの引き抜き」などを挙げた。業界を守る「需給調整」を理由に、「今後の規制緩和の可能性」と法改正阻止の動きに出たのである。

蜜月関係にあった酒造業界と国が激突するという、異例の事態。業界を守ろうとする国会議員は規制緩和反対を訴え、政界を巻き込んだ緊迫した空気が漂い始めていた。

ただ、こうした対立は、日本酒業界に限ったことではなかった。別の政府関係者の話。

「安倍政権は規制改革に熱心で、特に『国家戦略特区』という規制のかからない枠組みを使ったため、反発も生みました。なかでも、文部科学省が50年以上にわたって認めなかった大学の獣医学部新設を、私立の学校法人『加計学園』に認めようとしたところ、獣医学部を持つ既存の大学や文科省の一部が反発。政権側が押し切って認可は下りましたが、その後、国会で激しい議論を呼んでいます。このように、各種業界とつながる官庁との関係に安倍政権がくさびを打ち込み、あちらこちらであつれきが生まれたんです」

当時、「農産品輸出1兆円」の政府目標を掲げた安倍政権は、主要な輸出産品として日本酒を重視した。業界の激しい反発を受けながらも、規制改革の流れが押し切った。輸出用免許は認められ、21年に初交付されている。ただし、政権の思惑はいったんはそこまでで、酒造免許の自由化までには至っていない。

塚原が酒蔵移転に動き出したのは、安倍政権がスタートし、激しい規制改革のうねりが始まった渦の中。いったいどこへたどり着くとも分からない、まだ夜明け前の暗闇のなかだった。

酒類指導官が差し出した〝10の宿題〟

塚原が挑んだ酒蔵移転に話を戻そう。

酒税法第16条に移転を認める条項がある。既存メーカーが酒蔵を新しく建てる場合を主に想定していて、よくあるのは、古くなった酒蔵の近くに新しい建物を建てて移設するケース。せいぜい、同じ税務署管内か、広くても同じ地方国税局の所管するエリア内。これが酒蔵移転の相場観だったようだ。

全国に11カ所ある地方国税局（ほかに沖縄国税事務所）のそれぞれの立場を考えると事情が飲み込めるだろう。酒蔵がよそへ出ていけば、送り出す国税局には税収減というデメリットが生じるし、受け入れる国税局は地元の業界との「需給調整」に悩まされる。国税局の垣根を飛び越えて、三重から北海道へ移転するのは、想定外だったのだ。

それでも、塚原は諦めなかった。津税務署に足しげく通い出したある日のこと。

「本気なのですね」

津税務署の酒類指導官は確かめるように言葉をかけた。深くうなずく塚原。すると、指導官は周囲をはばかるように、そっとメモを差し出してきた。

「これ、酒蔵を移転するための塚原さんへの宿題です」

それは、10項目が並んだメモだった。これは、酒税法第10条に定められた酒造免許そのものの取得要件と一緒だったことが後に判明する。

その要件を見ると、酒造業を営むために必要な「人」「場所」「経営基礎」「製造技術・設備」がずらりと並んでおり、それぞれ細かい条件が付いている。

例えば、経営者に適格性はあるか、酒蔵の設置場所は適切か、経営基盤は安定しており税金を収められるか、製造設備やスタッフは十分か――といった点を細かく問うている。たとえ、これらの要件をクリアしても、酒造業界との「需給調整」が付かなければ、新規参入が難しいことはすでに見てきた通りだ。

つまるところ、酒蔵を移転するなら、あらかじめ新規免許を取ってこい、と言うに等しい。せっかく事業継承をしても、休眠状態の酒蔵では、酒造免許を取るのと同じ手順を一から踏まないといけないのだ。これでは、稼働している既存メーカーしか酒蔵移転などできないではないか――。

やはり、法律に保護された酒造業界は、酒蔵移転の方法をもってしても、新規参入者を容易には受け入れない壁を設けていた。塚原は振り返る。

「このままでは酒蔵移転ができないから、銀行は資金を貸してくれない。資金がないと要件を満たせないから移転はできない。まるで〝鶏が先か、卵が先か〟みたいな堂々めぐりの話。これはとにかく動き出さないと、何も始まらないと思いました」
元手の乏しい塚原は、もう一人ではダメだ、と悟った。こうなったら、支援者を探しだして説得し、「こいつ、本当にやるかもしれない」と信じてもらうしかない。それはまるで1ミリずつ、信頼を積み重ねるようなものだった。塚原は、薄皮一枚一枚を丁寧に重ねる洋菓子にたとえ、自ら「ミルフィーユ作戦」と呼び、関係者回りを始めることにした。

税務官による〝10の宿題〟

①移転できるのか（移転先製造場の土地建物及び設備に関すること）

1 移転場所が確保されていること（所有又は賃貸借契約により借用していること）
2 その場所が法律上、使用して問題のない場所であること
3 建物設備等の工事請負契約がなされていること
4 建物設備の資金、運転資金等、必要な資金の手当てがついていること

②移転してやっていけるのか？（経営の基礎、酒税の保全に関すること）

5 国税・地方税の滞納がない（県・市が発行する当該証明書）
6 銀行取引停止処分（申請前1年）を受けていない
7 最終事業年度において、債務超過となっていないこと
8 法定製造数量（清酒：年間60キロリットル、リキュール：年間6キロリットル）を達成する見込みがあるか
9 販売先の確保がされていること
10 醸造担当者など清酒を製造するために必要な人材が手配されていること

結集する人々

手を差し伸べる小樽商大OBたち

塚原が最初に飛び込んだのは、当時、小樽商大の同窓会「緑丘《りょっきゅう》会《かい》」の理事長だった島崎憲明（任期２０１５～22年）だった。１９６９年卒の島崎は、オホーツク海に面した北海道湧別町の出身だ。

２人の出会いは、島崎が住友商事副社長だった２００６年11月。塚原が、拠点長としてナンバーワンの成績を上げたアリコジャパンからヘッドハンティング会社「縄文アソシエイツ」に転じ、名だたる企業人にアプローチをかけていたころである。島崎が振り返る。

「塚原君は最初、自分の大学を打ち明けなくて、秘書が門前払いしていたようです。３度目のアプローチのとき、手書きの手紙を秘書が受け取り、それを読んで驚いた。同じ小樽商大の21年下の後輩だと分かったんです」

島崎はアプローチを諦めなかった塚原を快く受け入れた。その後、島崎を中心に4人のゴルフ愛好会「島崎会」が生まれている。70代の島崎を筆頭に、60代の公認会計士で野村證券の社員向け講師も務める田中稔、50代のプラント設備会社「極東産業」（現ブリッジス）社長・中村俊介、そして40代の塚原という世代を超えたメンバーだ。

田中は上川町にレストランを立ち上げたときから、塚原に公私ともに支援を惜しまなかったといい、島崎会の幹事役を務めた。中村とは、ヘッドハンター時代に塚原が人材探しを支援した縁があり、固い絆で結ばれていた。

塚原から酒蔵誘致を打ち明けられ、ポケットマネーから出資に応じてくれたのは、この3人だった。おかげで、塚原の用意した生命保険の解約返戻金を加え、会社の資本金1千万円を用意することができた。

さらに、田中が資金調達のスキームを考え、中村は経営する会社から出資も行い、酒蔵の最初の運転資金となった。この島崎会がなければ、ゼロから酒蔵を立ち上げるための最初の一歩を踏み出すことはかなわなかった。

続く課題は、酒蔵の建設資金。塚原は、島崎たちの支援を受けながら小樽商大人脈をたどっていく。

小樽商大は１９１０年、〝北の商都〟小樽市に創設された国立大学唯一の社会科学系単科大学。小樽港を見下ろす緑豊かな丘にキャンパスがあり、少人数の大学らしく学生の絆はひときわ固かった。国家統制を嫌う自由な学風と、実学重視の精神をモットーに、民間に人材を輩出している。

同窓会「緑丘会」は、卒業生・在校生と教職員の計５９３０人で構成される（２０２３年3月現在）。小樽商大ＯＢの中田乙一が三菱地所の社長だった１９８０年、グループ会社が運営する高層ビル「サンシャイン60」（東京都豊島区）の57階に本部を移し、日本経済の中心地に拠点を構えた。国内24カ所に支部を置く。母校の講座を運営するほか、就職や留学をサポートする強固なＯＢ・ＯＧ集団である。

公益社団法人
緑丘会

塚原は母校の先輩たちを訪ね、故郷へ酒蔵を誘致する意義を丁寧に説いて回った。いずれも酒造業界とは縁のない異業種ばかり。果たして、支援をもらうことはできるのだろうか――塚原のそんな心配は杞憂に終わる。在京の大手企業から北海道の地域金融機関まで、次々と支援に名乗りを上げたからである。

「日立キャピタル」（現三菱ＨＣキャピタル）

小樽商大１９７６年卒の三浦和哉は緑丘会理事長を２０２４年まで務めた（同年４月死去）。北海道本別町出身で、当時、日立キャピタルの社長だった。島崎の主宰する同大出身者の大手企業役員が集う懇親会に呼ばれた塚原は、初対面の三浦に「北海道に酒蔵を造りたいんです」と熱く訴えた。

心を動かされた三浦は、社内に酒蔵への出資案件を提案し、アグリ（農業関連）部門で検討が行われた。当時の日立キャピタルグループは「社会価値創造企業」を掲げ、食の事業を通じて地方創生に貢献しようというコンセプトを打ち出しており、格好の投資案件だったという。ベンチャー企業に対する投資リスクも議論した末、社内で出資が了承され、子会社「日立トリプルウィン」（現ＭＨＣトリプルウィン）が出資者となった。酒蔵の酒造設備も同社からのリースで賄うことができたという。

「三菱地所」

小樽商大１９７７年卒の合場直人は当時、三菱地所の専務。のちに、緑丘会本部が入るサンシャインシティの社長を務めた。塚原は縄文アソシエイツ時代から懇意にしていた。東京で合場と会食をした折、塚原の酒蔵構想が話題になると、地方創生につながる取り組みに共感した合場から「うまくいってるの？」と尋ねられ、塚原は「ご支援いただけますとうれしいです」と頭を下げた。

やがて塚原は三菱地所本社に呼ばれ、対応した空港事業部のメンバーにプレゼンテーションをした。ここは、北海道7空港の民営化を担当している。空港が近くにある場所に酒蔵ができれば、地域の活性化に貢献できる――そんなコンセプトを打ち出し、社内で出資が了承されたという。実際、上川町は旭川空港が近く、後に酒蔵ができる帯広市や函館市にもすぐそばに空港がある。

「地域金融機関」（北海道銀行・旭川信用金庫・北海道信用金庫）

小樽商大1973年卒で応援団OBの近藤政道は、当時、北海道銀行の副頭取を勤め上げ、別会社の社長に就いていた。4期先輩の応援団長だった島崎からジンギスカンに誘われたとき、同席した塚原に酒蔵構想を打ち明けられると、身を乗り出して言った。

「明日、会社に来い」

翌日、塚原に紹介したのが北海道銀行常務の旭川支店長だった。やがて副支店長が担当に付き、後述する酒蔵移転のキックオフミーティングにも参加。審査を続けた結果、融資証明書が発行され、これが酒蔵移転を国税当局が認める決定打となった。融資金額は1億4千万円。旭川信用金庫も加わった協調融資として実行されている。

さらに、小樽商大1978年卒の吉本淳一が当時会長を務めていた北海道信用金庫は、酒蔵竣工の翌年、資金不足から設置できなかった売店や倉庫の建設費を貸し付けた。

なお、帯広市に二つ目の酒蔵ができたとき、北海道コカ・コーラボトリング(札幌市)が出資者に名を連ねた。親会社の大日本印刷に、塚原の所属した小樽商大のボート部OBがおり、そのつてを頼っている。

こうして塚原が上げたのろしが合図となり、小樽商大の先輩たちは次々と手を携え、故郷への酒蔵誘致のために結束していく。それはまるで、国という壁に立ち向かうレジスタント(抵抗者)のようにすらみえた。

塚原は、こうした資金調達と同時並行して、酒蔵の建設プランの策定にも着手した。独自の人脈をたどり、一路、福島へ向かう。ここに、もう一人のレジスタントがいた。

会津「大和川酒造店」の登場

2016年6月。塚原が訪れたのは、福島県会津地方の「蔵のまち」として知られる喜多方市。当地を代表する酒造会社「大和川酒造店」では、酒蔵移転の成否を左右するキックオフミーティングが行われていた。塚原が振り返る。

「わたしにとって、つてのあった唯一の酒蔵です。九代目の佐藤彌右衛門会長にいろいろと教えを乞い、関係者が一堂に会するミーティングも開催していただきました」

彌右衛門は当時、その名を全国にとどろかせていた。

11年3月に起きた東京電力福島第1原発事故の放射性物質は福島県沿岸部や中央部を汚染。内陸部の会津は深刻な惨禍は免れたものの、彌右衛門は焦燥感にさいなまれた。酒米を自社田で栽培し、地元・飯豊山の伏流水を仕込み水に使う地産地消を追求してきたのに、動力のエネルギーまで思いは至らなかったのだ。そこで太陽光、水力、風力を活かす「会津電力株式会社」を設立。23年5月現在、株主は喜多方市など会津8市町村、金融機関など20企業、個人50人を数えている。

国が認めようとしない酒蔵移転に挑む塚原の姿は、国の電力政策に一石を投じた彌右衛門の琴線に触れたという。

「本当に移転を果たせるなら、これは酒造業界における革命になる」

そこで、大和川酒造店の持つ経営ノウハウを惜しみなく伝え、6月のキックオフミーティングの開催も快く引き受けたのである。

参加したのは、のちにメインバンクになる北海道銀行旭川支店の副支店長や、出資会社になる日立キャピタルのメンバーなど。ここに上川町企画総務課の主査も加わった。

当時の記録によると、酒の生産量や酒米の使用量、タンクのサイズが初めて具体的になり、それに見合うよう「建物の全体を１００坪以内に収めて、予算1億円で検討しよう」となった。一行は、野趣豊かな川のほとりに建てられた酒蔵「飯豊蔵」を視察。自然に溶け込んだ立地のイメージは、後に上川町に誕生する酒蔵に引き継がれていく。酒蔵の省スペース化も飯豊蔵から多くを学んだようだ。

塚原が言う。

「ミーティングが始まるまで、みんな半信半疑でした。でも、次第に何だか面白そうだと興味が湧いてきて『これならできるんじゃないか』と表情が生き生きとしてきました」

そして彌右衛門は、塚原に大きなプレゼントを贈った。「地酒」の普及に取り組んでいた「日本地酒協同組合」事務局長の三上康士をあっせんしてくれたのだ。醸造業に不案内な塚原がやがて経営上のもくろみ計算書やＰＬ（損益計算書）を作成できるようになったのは、この三上のサポートにほかならなかった。

立ち上がる町役場

新しい官民連携モデル

2016年の春。上川町長の佐藤芳治は、いても立ってもいられなくなっていた。

このころ、塚原は津税務署に対し、酒蔵の着工から竣工までを盛り込んだ具体的なスケジュール表を提出し、説得にかかっていた。大和川酒造店で開かれたキックオフミーティングに町の職員が加わったのはその直後のこと。酒蔵造りに意気込むそうそうたる支援者の様子を伝え聞き、佐藤は「町に何ができるのか」と必死に考えをめぐらせていた。佐藤には期するものがあった。

国が提唱する地方創生モデルは人口増加にとらわれ、もはや自治体間で住民の奪い合いになっている。しかし、人口が増える時代ではない。上川町の人口もやがて2千人まで減り、いつしか1千人の町になるかもしれない。ならば、「ここに住んでよかった」と心豊かになれる住民本位のまちにしたい。小さな自治体でも取り組める「上川モデル」があったっていい――。佐藤が振り返る。

「ここからは、われわれの出番だと思ったんです。行政はカネだけじゃない。民間のみなさん、地域のみなさんの力をいただいて、まちづくりに生かす。そのために行政は寄り添い、一緒になって動く。そうすれば、新たな道が切り開けるんじゃないかって」

このときから、町役場はまちづくりのスタイルを変えていく。「官」主導のお仕着せではなく、「民」の構想を全面的にバックアップし、まちづくりに生かしていく手法だ。

そのころ、酒蔵移転にとって喫緊の課題は用地確保だった。佐藤には「あそこしかない」と目星を付けていた土地があった。石狩川に向かって支流の留辺志部《るべしべ》川が合流する辺り。大雪山系の清らかな雪解け水が湧き出す絶好の場所だった。

町長の命を受け、上川町企画総務課の企業誘致担当だった谷脇良満は動き出した。目的地の隣にあるキャンプ場に通い、湧き水を調べた。井戸を掘った地主から「15メートルくらい掘ると湧き水が出てくる」と聞き、「これなら、いける」と確信を持った。所有者のJA上川中央と交渉を始めると、トントン拍子で土地取引の話がまとまり、売却が決まる。ひそかに、佐藤がJAとトップ交渉をしていたのも功を奏したという。

徹底して寄り添う町役場

佐藤は塚原と一緒に、企業の出資を募るため、たびたび上京した。企業の面談に同席し、酒蔵誘致が上川町を活性化させる意義を繰り返し訴えた。佐藤が振り返る。

「日立キャピタル（当時）や三菱地所にも行きました。銀行にも行きましたよ。名だたる企業の方々を前に、わたしは酒蔵誘致の意義を説きました。これは単なる民間の工場誘致じゃない、まちづくりのために必要な酒蔵なんですと」

企業側は、塚原と佐藤が二人三脚で動いている様子を頼もしく感じたという。町役場のバックアップが何よりの信頼醸成につながっていく。

企業誘致担当の谷脇も塚原と一緒に動き、地元の税務署との交渉にも同行した。塚原は「こうして町役場も一緒になって酒蔵造りに取り組んでいます。前例のないことを本気でやろうと思っているんです」とアピールした。谷脇はその思いに応えようと、酒類指導官の説得に加わった。

「層雲峡温泉や『大雪 森のガーデン』と、市街地はかなり距離が離れています。その間をつなぐ位置に酒蔵があり、有力な誘客のコンテンツになります。町にできることは、何でもやります」

谷脇は、町の企業誘致条例の改正にも着手した。誘致企業に対する助成制度の要件のうち、対象となる新設工場の投資額を「1億円以上」から「3千万円以上」に引き下げ、従業員数も「10人以上」を「3人以上」に緩和し、中小企業でも使える制度に改めた。

谷脇はこのころ、自分でやれることは何でもやってみようと心に決めていた。この町に酒蔵を誘致できたら、どんなに面白いことになるだろう。そう思うと、心は高鳴った。

谷脇は地元出身で、高校卒業後、上川町役場に入り、観光から下水道、税務、畜産、高齢者福祉とありとあらゆる町政の業務に携わった。そんななか、どうしても「学校の先生になりたい」と、働きながら旭川市の夜学に通ったこともある。子どもが好きだった。学校のにぎわいが何よりもまぶしく感じた。もしも酒蔵ができたら、そこを慕って人々が集まり、まちににぎわいを取り戻せるかもしれない――。谷脇の胸の内に、そんな夢が膨らんでいた。

国の政策を突き動かす地方国税局

モノ言う札幌の酒税課長

塚原にとって鬼門はやはり税務署との交渉だった。素人では限界がある。酒税に通じた知恵袋を探していた。

2016年2月。塚原は、札幌国税局のOB人脈をたどり、元酒税課長の西田孝雄を訪ねた。当時、北海道内の酒造会社でつくる北海道酒造組合の専務理事の地位にあった。

「真正面からいっても無理でしょうね」

塚原の話を聞くなり、そう答えた西田。ただ、塚原の挑戦を一蹴しようとは思わなかった。現役時代に経験した苦々しい思いがよみがえったからである。

西田が振り返る。

「酒税課長のときから、清酒（日本酒）と単式蒸留酒（焼酎乙類）の新規参入はどうしてダメなのか、根っこから疑問がありました。斜陽産業でしたから、やる気満々な新規の方を入れた方が活性化する

と思っていたんです」

現役時代には果たせなかったが、西田は引退後、酒税法の運用を定める「解釈通達」について、実名でパブリックコメント（意見公募）を国税庁に出した。「清酒と単式蒸留焼酎だけ新規免許を認めないのは、おかしい」と。

〝モノ言う酒税課長〟の姿勢は現役時代から際立っていた。こんなエピソードがある。

小樽市にあるワインメーカーは、約100キロ先で栽培したブドウを現地の作業所で搾り、タンクローリーで小樽まで運ぶ。搾り汁は時間がたつと自然発酵し、アルコールに変わる。解釈通達は、50キロ以上運ぶとアルコール度数が1度以上の酒になるとみなし、作業所は酒造所に当たるとして酒造免許を求めていた。西田はここにかみついた。

「道の悪い、古い時代の決まりでした。今時、高速道路に乗れば、アルコールが発生する前に小樽に着いてしまう。これはおかしい。基準は距離ではなく時間に直すべきだと」

西田が国税庁に基準の変更を申し出ると、やがて解釈通達は変わり、搾り汁がアルコールとみなされる基準は、距離から時間に変わる。

西田は、前例踏襲を嫌った。現役時代、札幌国税局の部下たちに言い続けたという。

「免許という規制があると産業を圧迫し、なかなか発展しない。だから、免許を広げる隙間を見つけろ。広げたら、必ず産業は活性化する」

塚原から相談を受けた西田は、免許制度の隙間を突くすべを考えていた。北海道に酒蔵を造りたい――現役時代にかなえられなかった思いが募り、西田は言った。

「国税局と勝負してみましょう」

扉を開ける地方国税局

塚原が2015年から通い続けた津税務署の酒類指導官は、翌16年に入り、塚原の報告を聞くたびに苦笑いを浮かべるようになっていた。「10の宿題」を着実に解き明かしてくるとは想像していなかったようだ。

いよいよ北海道に送り出すときが来たか――。そんな思いが、胸の内に去来したに違いない。指導官は、意を決したかのように塚原に向き合い、「前に進めてみましょう」と請け負ってくれた。このころから、津税務署は名古屋国税局と情勢を共有していく。

一方、受け入れ側の札幌国税局はかたくなだった。15年時点では、上川町を担当する酒類指導官のいる旭川中税務署では「夢のある話ですね。でも、そんな移転の話は聞いたことがない」と門前払いにした。「需給調整」の壁は、移転を受け入れる札幌国税局側にあり、こちらを攻略する方が難題だった。

16年6月。北海道酒造組合の専務理事を退任してフリーの立場になった西田は、古巣の札幌国税局にひとこと話してみようと思い立った。やはり、遠い本州から移転させるのは、国税局の枠を越えるだけに、抵抗に遭うのは想像に難くない。それでも、西田は正面突破を決め、担当者との面会に臨んだ。

「三重の四日市から酒蔵を移転するプランがあるんだけれども、どうだろう」

ちょうどこのころ、塚原たちはキックオフミーティングを経て、出資者集めや事業計画の策定に乗り出し、酒蔵の用地も町役場の仲介でめどが立ちつつあった。

西田は札幌国税局の担当者に対し、塚原が異業種からの新規参入組でありながら、酒税法第10条の「製造免許等の要件」を着々とクリアしている状況を説明した。そして、酒税法にさまざまな制約はあるものの、新規参入者による酒蔵移転そのものを禁じる法令や解釈通達はないことを強調した。

「法令は禁じていない。だったら、やってみたいと思うんだ」

西田の話にじっと耳を傾けていた担当者は、しばし考え込んだという。そして「前例のないことですが」と前置きすると、言葉を継いだ。

「分かりました。移転の要件をクリアしてください。そうしたら、審査に入ることができます」

扉は開くかもしれない——西田は、思いがけない後輩たちの言葉を重く受け止めた。

それにしても、札幌国税局はこのとき、なぜ酒蔵移転を拒まなかったのか。それは、先輩である元酒税課長の顔を立てたというよりも、より切実な事情にさらされていたからではないか。西田には、思い当たることがあった。

「札幌国税局を訪ねた2016年といえば、1月に小樽市にあった北の誉酒造が解散して、道内最大級の酒蔵がなくなった年なんです。その直後、この酒蔵に醸造委託していた酒造会社の山二わたなべが酒造業を停止し、道内の酒蔵は11まで減ってしまった。事態は深刻でした。札幌国税局は、酒造会社を次々と失い、危機感を持っていたはずなんです」

酒税法は、酒造業界を守るために新規参入を規制したのではなかったのか。なのに当の業界がみるみるうちにやせ細り、酒税確保という大義が果たせなくなりつつあった。そこへ現れたのが、塚原の移転申請だったのである。

西田の登場以来、名古屋と札幌の国税局間で水面下のやりとりは進行していたようだ。西田と塚原はほどなく、津税務署を訪れた。

水面下の事情を知らされていない西田は「やっぱり、門前払いを受けるのかな」と恐る恐る酒税部門を訪ねたという。すると、職員たちが一斉に立ち上がり、「お待ちしておりました」とあいさつしたという。西田は状況を飲み込めないまま、担当の酒類指導官と面会室に入った。

「移転をお願いしたい」と申し出ると、担当者の返事に迷いはなかった。

「承知しました。手続きを進めましょう」

トントン拍子に話が運ぶ様子に驚く西田。

ただ、三重や北海道の税務署に何度も足を運んだ塚原には、担当者たちの対応の変化が見て取れたという。

「担当の方々が、次第に免許の手続きを前に進めたがっている様子が分かりました。なかには『新規参入できないと法律で決まっているわけじゃないんだ』とはっきり言い出す人もいました。地方の酒類指導官たちも、法解釈の壁を越えようと必死になってくれたんだと思います」

北海道酒造組合の英断

酒蔵移転に向けて要件を次々とクリアしていった塚原に、最後の要件突破に挑むときがきた。酒造業界との「需給調整」である。

頼みの綱だった西田はすでに北海道酒造組合の専務理事を離れ、無役の立場から塚原を支援していた。酒造業界の難しさを熟知しており、新しい蔵が入ろうとすれば、既存メーカーの抵抗に遭うことは容易に想像できた。

「酒蔵を北海道に新設できるなら、やれることは何でもやる」と心に決めた西田は、塚原と一緒に、北海道酒造組合会長だった「国稀酒造」社長の林眞二（現会長）を訪ね、新規参入の伺いを立てた。

2人の訪問に、林は少しも嫌な顔をしなかったという。専務理事だった西田の顔を立てたのは想像に難くないが、実はもう一つ、別の事情もあったようだ。

伝説のシェフ、三國清三が明かす。

「国稀酒造はぼくの故郷・増毛町にあってね。社長の林さんとは親しいんだ。塚原君の酒蔵を認めてもらうため、ぼくも口説いたんだよ。北海道の酒造業界のために、何とか頼むとね」

関係者によると、札幌国税局が「需給調整」の成否を判断するため、北海道酒造組合に照会を掛けたのはこの後のタイミングだった。酒造組合はこんな回答を寄せたという。

「新規参入に反対しない」

酒造業界の英断だった。ここに、酒蔵移転を阻む壁は崩壊したのである。

こうして三重の酒蔵は、本州から津軽海峡を越え、北海道の地にわたるすべての準備が整った。塚原は社名を「ナカムラ」から「上川大雪酒造」に変更したうえで、2016年12月1日、名古屋国税局四日市税務署に正式に酒蔵の移転許可申請書を提出、受理された。

ここまでこぎつけた塚原は、並行して酒蔵建設に着手した。完成すれば、上川町を直接所管する札幌国税局旭川東税務署から待ちに待った移転許可は必ず出るはずだ。

ただ、その前にやるべきことがある。酒を醸す人材を探さないといけない——。

三・

「地方創生蔵」をめざして

帰ってきた杜氏

運命のメッセージ

フェイスブックを通じて、1通のメッセージがその男性に届いたのは、2016年6月10日夜のことだった。

「上川町に三國プランニングが酒蔵を造るという話が持ち上がっており、三國プランニングの塚原副社長より杜氏経験者としてのお話をうかがいたいとの話がありました」

送り主は、ホクレン農業協同組合連合会（札幌市）の室谷光紀。種子の栽培から酒米の流通までを扱う原材料課の課長だった。小樽商大1992年卒。塚原敏夫の2年後輩だった。

杜氏とは、酒造りの担い手である蔵人を指揮する酒蔵の総責任者のこと。伝統的な発酵醸造の技を持つ杜氏は年々減り、深刻な人材不

足に陥っているという。いつ完成するとも分からない新規参入の酒蔵に来てくれる杜氏を見つけ出すのは、至難の業だった。しかし、室谷には意中の男性がいた。酒蔵を離れておよそ1年半。雌伏の時を過ごし、北海道の酒造業界でその去就が注目されていた杜氏——川端慎治だった。

川端は、本州や九州の五つの酒蔵で修業を積んだ後、2010年に北海道に帰郷。民事再生中だった酒蔵の杜氏に就任するや、翌11年度全国新酒鑑評会に出品した大吟醸が金賞を受賞する。北海道独自の酒造好適米（日本酒造りに適した米）である「吟風」を100％使った日本酒だった。

突如として現れた40歳の杜氏とオール北海道産の酒。「道産の地酒が誕生した！」と道内の飲食店や酒販店は色めき立つ。老舗の酒販店「銘酒の裕多加」（札幌市）の熊田裕一（23年9月死去）は川端の酒をこう評した。

「川端さんの酒って、香りはそんなに立てないで、口に含んだときに柔らかく、うまみが広がってくる。そして最後の切れがいい。スーッと切れていくんだ」

室谷も、当時のことをよく覚えている。

「飲食店や酒販店をリサーチしていると『これまでの感覚とは違う北海道の

酒が出た』と川端さんの酒は評判でした。川端さんは自ら酒販店に『今度の酒、どうですか』と聞いて回り、酒造りに生かす。酒販店側は取引先の飲食店に『この酒、いいよ』と伝えてくれる。北海道では見られなかった独自のマーケティングを展開していました」

だが、経営方針の違いから、わずか4年足らずで川端はこの酒蔵を去ってしまう。熱烈なファンから悲鳴が上がり、復帰を願う署名運動まで起きたほどだった。

室谷の紹介を受け、上川町の「フラテッロ・ディ・ミクニ」で川端と初対面した塚原は、酒蔵移転構想を一から語った。それを聞いた川端は、一瞬、耳を疑ったという。

2011年の東日本大震災で大きなダメージを受けた福島県浪江町の鈴木酒造店は、酒蔵再建にどれほど苦労したか。「伯楽星」で知られる宮城県大崎市の新澤醸造店も被災後、やっとの思いで70キロ離れた川崎町に移転することができた。国税当局の規制下では酒蔵再建は難しい。ましてや未経験者が休眠中の酒蔵を三重から北海道に移すなんて……。

ところが、である。ほどなく塚原と再会したとき、酒蔵構想はストップするどころか、具体的に進んでいることを知り、川端は驚いた。ちょうど、大和川酒造店のアドバイスを受けて構想が本格化した時期。川端は、ホクレンの室谷に報告を入れた。

「三國プランニングの塚原副社長といろいろ話してきました。とりあえずは私の状況に合わせながらプロジェクトへは関わっていくことになりました」

室谷が引き合わせ役となり、塚原は杜氏の招へいに成功する。この川端が、酒蔵を再生させる稀有の経験を積んでおり、上川町にゼロから蔵を立ち上げるのに打ってつけの杜氏だったことをやがて知ることになる。

酒造りを知り尽くした男

小樽市出身の川端は、地元の小樽潮陵高等学校でラグビー一色の青春時代を過ごした後、金沢大学に入学、工学部電気・情報工学科で学んだ。300人が入居する男子学生寮に入ると、先輩に薦められて日本酒を知り、全国の酒を試し飲みしようとバイト代をつぎ込んだ。

やがて、石川県鶴来町（現白山市）の菊姫合資会社で造られていた銘酒「菊姫大吟醸」と出会う。その衝撃が忘れられなくなり、川端は思い切って大学を中退、酒造りの道に入る。

◇石川――職人技とデータの絶妙なバランス

最初に門をたたいた菊姫には、国の「現代の名工」に選ばれた名杜氏・農口尚彦《のぐちなおひこ》がいた。吟醸酒ブームの火付け役であり、「山廃《やまはい》仕込み」という伝統手法の酒造りを復活させていた。

菊姫では、理工系大学の出身者を集めて酒造りのノウハウをデータ化し、品質の精度を高める取り組みをしていた。理系出身の自分にはぴったりだ、と川端は張り切った。と同時に、手触りや食感による「直感」を大事にする職人技も垣間見ることができた。データは万能ではなく、直感との絶妙なバランスが必要だと悟ったという。

◇福岡――後進指導の大切さと年間雇用

やがて、福岡県の銘酒「三井の寿」で知られる酒蔵の杜氏（菊姫時代の先輩）から「麹《こうじ》造りの責任者をやらないか」と誘われる。

麹造りとは、室温30度ほどの小部屋「麹室《こうじむろ》」に入り、蒸し米に麹菌の胞子を振りかけ、泊まり込みで麹菌を育てる工程。酒の品質を左右する重要な作業を20代の川端は任された。試行錯誤の繰り返しだったが、おかげで麹造りの7割をこの時期に身に付けたという。

この経験から、後進の指導は「まずやらせること」と悟った。逆に、名人の下で働くと良いやり方だけを覚えて応用が利かず、進歩がなくなるそうだ。

この酒蔵では、杜氏と一緒になって、酒造りに年中携われる仕組みもつくったという。その頃は、杜氏や蔵人は季節労働者扱いだった。若き造り手たちは、酒造りだけで一本立ちできる取り組みに挑戦したのである。

◇岩手――南部杜氏の薫陶と「民藝」

続いて川端は、代表的な杜氏集団「南部杜氏」の故郷・岩手に移り、薫陶を受ける。早くも能登杜氏（石川）、筑後杜氏（福岡）、南部杜氏（岩手）から酒造りのＤＮＡを受け継いでいた。

このころ、民藝運動にも傾倒した。民衆の暮らしから生まれた陶磁器や織物のように、実用的かつ廉価な工芸品に価値を見出す美術界の流れだ。

31歳になった川端は雑誌『民藝』に寄稿し、ものづくりは科学的解明によって失敗は少なくなったが、画一化が進み、優れた物は失われてしまったと指摘。「原始的な感覚に頼るのは非常に重要」と、職人の持つ直感の優位性を喝破していた。

民藝によると、工芸品の価値は個人の力量以上に、風土や伝統といった目に見えない力によって高まる。その本質は「他力性」。川端はやがて、上川町で民藝の思想を開花させることになる。優れた杜氏一人では成し得ない、庶民の力を合わせた酒造りだ。

◇山形――酒造りの最先端

川端はこの後、「上喜元」で知られる山形の酒田酒造に入り、蔵元（経営者）を兼ねる杜氏・佐藤正一から大きな影響を受ける。それまで、兵庫を中心に栽培されている酒造好適米「山田錦」を最高の酒米と信じて疑わず、これを使わないと良い酒はできないと考えていた。ところが佐藤は、基本を踏まえた上で、良い酒を生み出すためなら変化をいとわず、各地のさまざまな品種の酒米を少量ずつ丁寧に仕込んだ。その一つとして、北海道の「吟風」も使っていた。

川端が道産米にこだわるようになったルーツは、上喜元にあったと言ってよい。実際、佐藤の紹介で群馬県内の酒造会社に移ると、さっそく「吟風」を使い始めている。

◇群馬――酒蔵の新規立ち上げ

群馬の酒造会社に移った川端は、季節労働者がいなくなった酒蔵の副杜氏となり、機械を使った酒造りに携わる。一方で、もう使われていなかった古い蔵にある手造りの製造ラインも復活させ、機械と手造りの良さや限界を知ったという。

当地の酒蔵は標高600メートルの高地にあり、気圧が低いため、蒸し米の蒸気温度や圧力の管理に特別の注意を払った。この体験が、山岳地域である上川町の酒造りに生かされていく。

川端は40歳を迎えるころ、北海道に戻り、新十津川町の金滴酒造に製造課長として入社。ここは民事再生中の酒蔵。逆境のなかでこそ自分を試してみたい、と川端は思った。酒蔵の設備に不具合があれば、ホームセンターから部材を買い入れ、自前で直した。もろみ（日本酒になる前の発酵中の液体）の発酵タンクの冷却も、雪を使って冷却水を循環させる自家製に作り変えている。さまざまな酒蔵で経験を積み、「道具さえあれば酒は造れる」という境地に達していた。

まさにマイナスからのスタートだった。ところが、最初の2010年秋に仕込んだ酒が全国新酒鑑評会で金賞を獲得したのだから、衝撃度は計り知れなかった。道内各地から「うちの地酒を造ってくれないか」とオファーも舞い込むようになる。

新十津川町のお隣、砂川市の酒米を使ったご当地の地酒ができあがったのは、14年2月。酒米農家・高橋宏吉が栽培する北海道の酒造好適米「彗星」を使った「砂川彗星純米しぼりたて生」は香り高く、すっきりとした味に仕上がった。市内の酒販店「入山小山商店」で販売した一升瓶（1800ミリリットル）と四合瓶（720ミリリットル）は各250本が3日間で完売したほどの人気ぶりだった。

その川端が、4年足らずで金滴酒造から姿を消した。

川端杜氏が上川にやってくる

上川町建設水道課の山栗浩《ひろ》胤《つぐ》は無類の日本酒好きだ。各地の地酒を取り寄せ、ラベルを大事にファイリングしている。そのコレクションは約500種類に及ぶ。

2016年の夏だった。山栗は、町内に新規開店する知り合いの居酒屋にどんな日本酒を置いたらよいかアドバイスしようと、仲間たちと試飲会を開いていた。その際、川端が世に送り出した「金滴彗星」が話題に上がり、「川端さん、どうしてるのかな」としきりに行方を気にかけていた。

企画総務課の谷脇良満は日本酒をたしなめないが、山栗が試飲会の席でしきりに川端の名を懐かしんでいる様子を伝え聞いた。ちょうどそのころ、川端が酒蔵移転プロジェクトにかかわるようになり、企業誘致担当の谷脇のもとにその情報が入ってきた。

谷脇は、そっと山栗の耳にささやいた。

「今度誘致する酒蔵の杜氏、川端さんの名前が挙がっているんですよ」

「信じられない……」。驚いた山栗は興奮が止まらなくなり、「一緒に川端さんのところへ行こう」と谷脇に頼み込んだ。

16年9月、山栗は谷脇に連れられ、川端の自宅を訪問した。憧れの川端への手土産に自家製ビーツのピクルスを持参したところ、川端の自宅前に広がる自家菜園にビーツが植わっているのを見て、再び興奮した。野菜作りに余念がない川端と意気投合したという。

山栗はこのとき、上川町の地酒とはかくあるべきだ、と持論を川端に開陳した。しかも、町役場には地酒の待望論が根強いことも説明を欠かさなかった。

かつて、同僚職員を中心に「どぶろく特区」を模索したことがあった。特区内なら、農家が自ら営む民宿やレストランに限り、栽培した米を使ってどぶろくを製造しても構わないという制度である。だが、この職員は志半ばで在職中に亡くなった。

町が一度は夢に描いた地酒によるまちおこし。それが、本格的な酒蔵建設に姿を変え、実現しようとしている。町は、にわかに興奮のるつぼと化していく。

酒蔵建設へ

新時代の酒蔵

設計士の大島有美は札幌市に生まれ、北海道大学大学院の工学研究科に進んだ。卒業後、大手ディベロッパー「森ビル」（本社・東京）に入社して都市の再開発に取り組みながら、一級建築士と再開発プランナーの資格を取得し、やがて独立。上川町でレストランの内装を担当した経緯はすでに触れた通りだ。

酒蔵移転の構想段階だった15年、別の設計事務所が酒蔵のアウトラインを描いたことがある。酒蔵本体の総床面積は現在の2倍に当たる800平米。そこへ倉庫、レストラン、特産品販売所を備えた「道の駅」を構想し、事業費を5億4700万円と見積もっていた。

ところが、肝心の基本設計を依頼したところ、事務所側は手を引いてしまう。途方に暮れた塚原の脳裏に大島の顔が浮かび、連絡を取った。

「酒蔵のプロジェクトがあるんだけれど、設計、やってみるかい」

大島は「酒蔵のことは全然分からないんですけど、やってみます！」と即答していた。未経験の世界にチャレンジすることが、何よりのモチベーションになっていた。分からないことはコツコツと調べ、考え抜き、問題を解決していく。そこが面白い。

まともな契約書も交わすことなく、塚原から「とにかく始めてみて」と言われて請け負った。報酬は五分割の後払い。それでも、大島に躊躇はなかった。

大島には二つの宿題が課せられた。一つはコストダウン。もう一つは、上川町に人を呼ぶ酒蔵を造ること。とても両立するとは思えない難題だった。

そもそも、酒蔵のような製造工場の設計経験がない。過去に手がけた住宅設計とは勝手が違うため、福島・会津の大和川酒造店や静岡、福井の酒蔵などを徹底して視察した。日本酒造りの本も読みあさり、インターネットに載っている酒蔵訪問記も片っ端から閲覧。酒蔵の基本知識や事例を吸収していった。

16年6月3日に作成した図面を今も大事に保管している。大島が説明する。

「4階建ての大きめな建物をイメージしました。タンクもいっぱいあります。ギャラリーを置いて地域の人たちに来てもらい、酒蔵見学も楽しんでもらう施設にしたかったんです」

この図面を携えて、翌4日、キックオフミーティングに臨み、図面はさらに進化していく。その翌月から参画した川端が振り返る。

「とにかくお金がないから、どこまで酒蔵を小さくできるか挑戦しました。コストを削りつつ、機能性を備える。経験上、この機械の置き場所がないとダメだなんていう発想は、もはやなかった。大島さんはどこまでコンパクトにできるか面白そうに図面を引いて、こちらも楽しくなりました」

大島は、酒蔵本体の費用を1億円に収めるため、コンパクト化を追求した。

例えば、図面上、正方形に近い方が建物は複雑にならず、資材も工程も節約できた。しかも平屋ではなく2階建てにすれば、土台の基礎工事や屋根工事も少なくて済む。しかも大和川酒造店に学んだ点がある。2階で洗米や蒸しのような原料処理を行い、重力を利用して1階のタンクに落とし込む構造にしたかった。2階建てはぴったりなのだ。

試行錯誤の末、必要最低限の機能を備えた蔵の設計図ができあがった。2千リットルの醸造タンクが6基。酒税法の最低ラインである年産60キロリットルを想定した。

その蔵の外観は、見るからにかわいらしい民家のようなたたずまいで、クラフトビールの工房を思わせた。従来の大空間を備えた酒蔵とは対極にある、新しい時代の蔵だった。

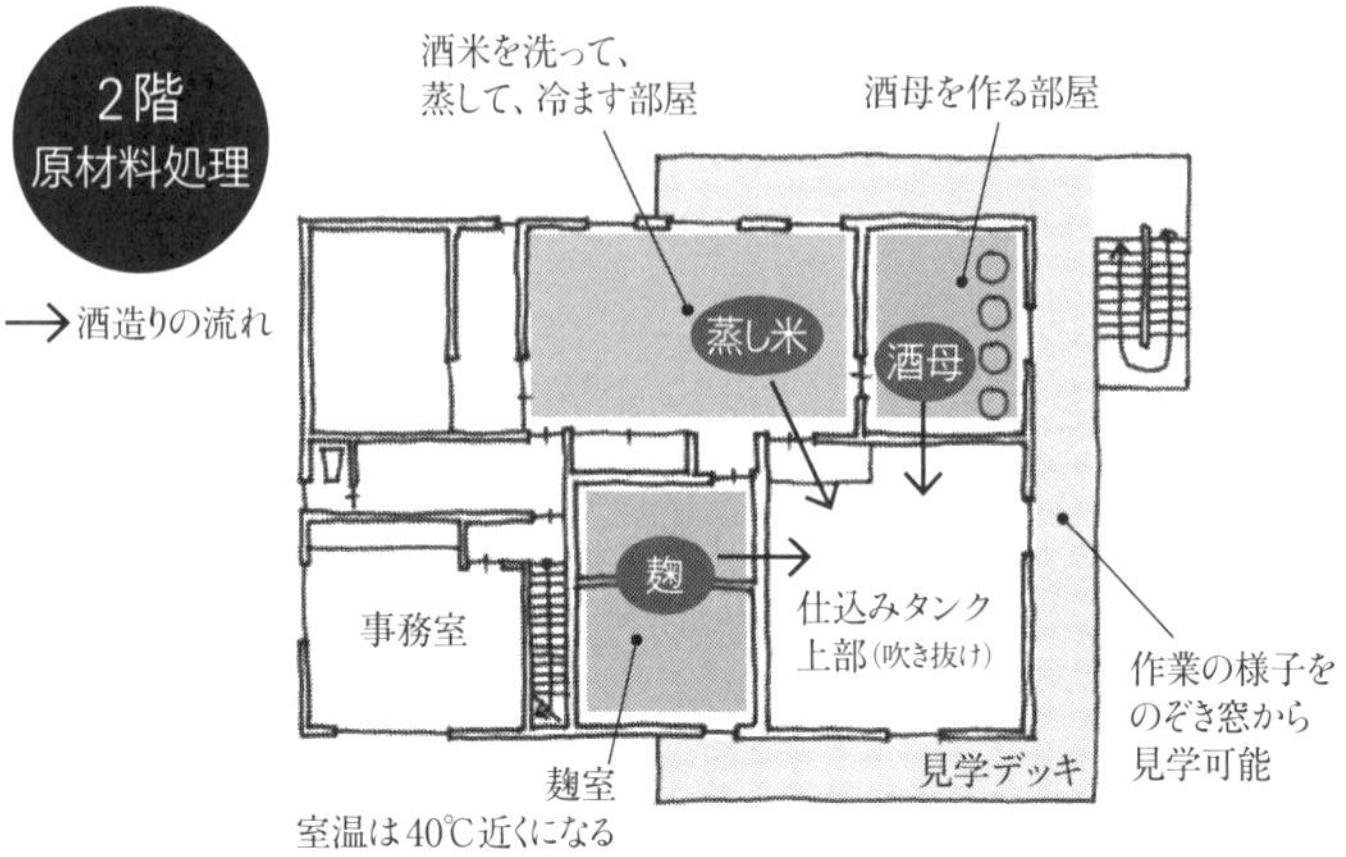
2階
原材料処理
→酒造りの流れ
酒米を洗って、
蒸して、冷ます部屋
酒母を作る部屋
蒸し米
酒母
麹
事務室
仕込みタンク
上部(吹き抜け)
作業の様子を
のぞき窓から
見学可能
見学デッキ
麹室
室温は40℃近くになる

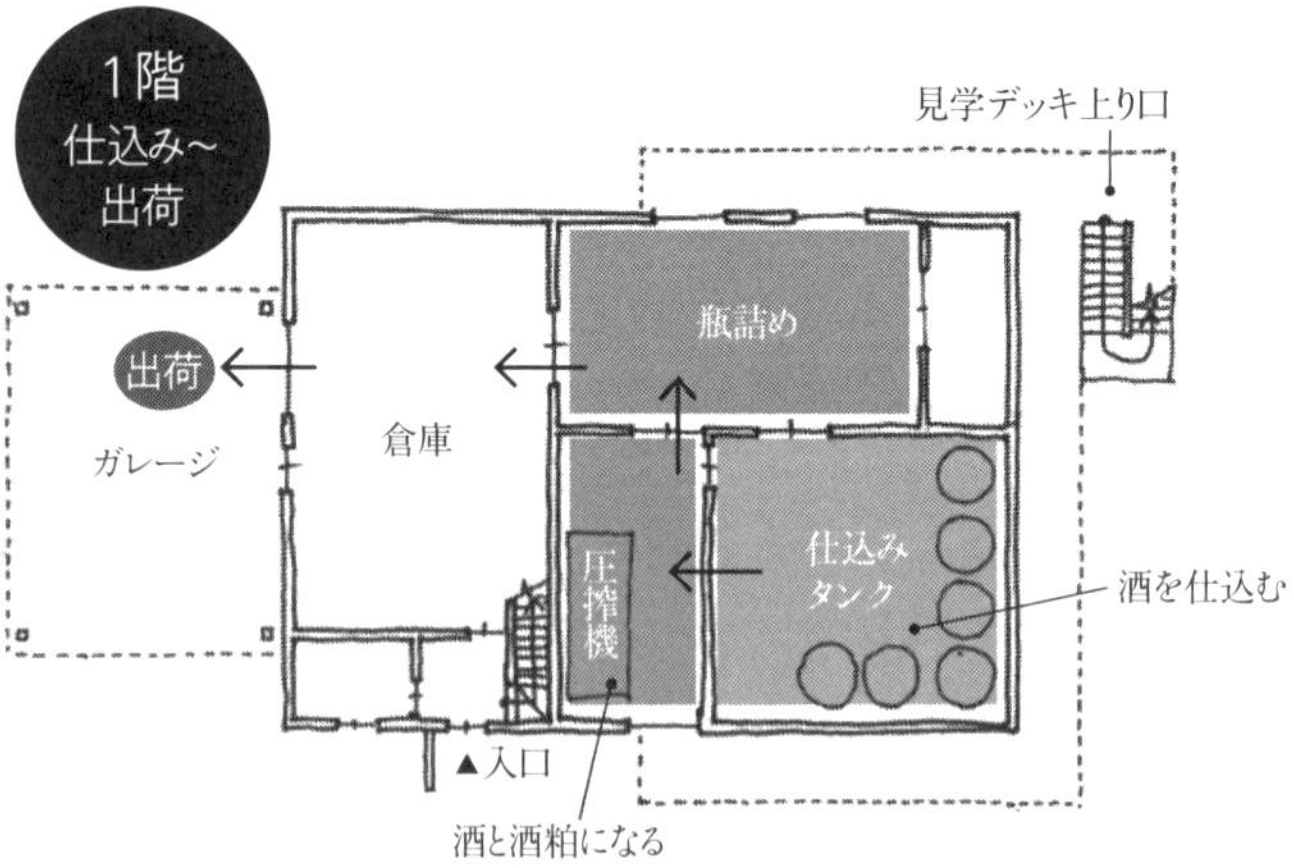
1階
仕込み～
出荷
見学デッキ上り口
出荷
ガレージ
倉庫
瓶詰め
圧搾機
仕込み
タンク
酒を仕込む
▲入口
酒と酒粕になる

緑丘蔵の図面

突貫工事とコストダウン

酒蔵の建築確認申請は２０１６年10月。確認済証の交付は11月９日で、翌10日には、雪の降るなかで地鎮祭を執り行い、その日から着工した。

お気付きだろうか。酒蔵の移転許可申請書を提出したのは翌12月１日。申請手続きを待たないで酒蔵建設を始めたのだ。もしも国税当局が最終的にノーを出せば、すべては水の泡になる。塚原にとって、ハイリスクと隣り合わせの日々が続いていた。

建設工事は、マイナス20度以下の極寒といわれる上川町の冬季を通じて行われた。寒さが厳しいと基礎のコンクリートが養生できず、強度が出にくい。工事を請け負った旭川市の廣野組は、チューブを配してコンクリートに温風を吹き付ける工法を取った。建物自体も壁を分厚くし、窓ガラスはペアガラスよりワンランク上を使って暖房効率を良くした。

現場監督は大島と同世代。コンパクト化を極めた設計図を読み込み、狂いの許されないミリ単位の施工に尽力。大島は大いに助けられた。

川端自身もコンパクト化とコストダウンに挑んでいる。６００万円もするような蒸し米の放冷機を買う予算も置く場所もなかったため、一般に販売されている排風ファンと大容量の箱「ジャンボックス」を組み合わせ、放冷機を自作した。また、麹造り（蒸し米に麹菌を繁殖させる工程）に欠かせない小型の容器「麹蓋《こうじぶた》」は天然杉を使うため、価格が高い。そこで、廉価な木箱に金網を張ってオリジナルの麹箱を作った。これを使ってみると、麹蓋でつくるのと変わらない吟醸麹ができたという。

旭山動物園にならって

大島は、酒蔵に人々を呼び込もうと「見える化」にもチャレンジした。旭川市にある日本最北の動物園「旭山動物園」がお手本になった。動物の生態を間近に見られるよう、巨大なバードケージの中を鳥が飛び交い、ペンギン館の水中トンネルを飛ぶようにペンギンが泳ぐ。「行動展示」と呼ばれる見せ方だ。

大島は、酒蔵を旭山動物園に見立て、蔵の外側をぐるりと取り囲むようにデッキを配した。酒造りの様子を窓からのぞき込めるようにしたかったのだ。酒蔵のすべての部屋に窓を付けたいと思い、川端に頼んで許しを得た。日光を嫌う麹室にも窓を取り付けた。酒蔵のオープン後、子供たちが窓にかじりついて麹造りをじっと見ている様子に川端は気付くようになった。恥ずかしいやら、誇らしいやら、じっと見られることによる不思議な感覚を覚えた。杜氏と観客との絶妙な一体感を演出することが大島の狙いだった。

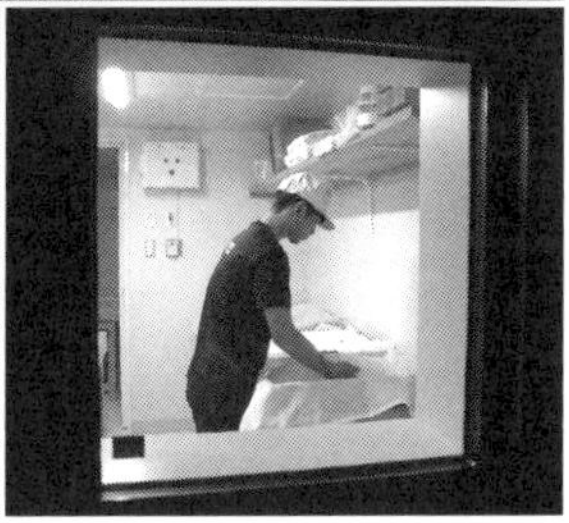

蔵は国道に面しているため、車から見える景観にもこだわり、ライトアップを実施。夜になると、国道沿いにこつぜんと浮かび上がるモダンな建物。レストランかなと思って立ち寄ると酒蔵だったと驚いた人が相次いだ。これも、人々を呼び込む仕掛けだ。

「上川大雪酒造」の誕生

酒蔵移転の許可書

2017年5月18日午後。旭川東税務署の正面玄関に姿を現したスーツ姿の塚原と川端が、報道陣のカメラに向けて、受け取った書面を差し出した。

「清酒及びリキュール製造場移転許可通知書」

念願の酒蔵移転が認められ、2人はこぼれんばかりの笑みを浮かべた。酒蔵には、豊かな自然をイメージして「緑丘蔵」と名付けることにした。支援を惜しまなかった小樽商大同窓会「緑丘会」の思いもその名に織り込んだという。そして、新しい酒造会社は上川町と大雪山系にちなみ、「上川大雪酒造」と命名された。

緑丘蔵は「道産酒米100％の全量純米蔵」をうたい、初年度、上川町周辺の愛別町や砂川市など道内4地域の六つの農家が栽培する酒造好適米「吟風」「彗星」「きたしずく」を使用。仕込み水に使う大雪山系の伏流水も前面に押し出した。まろやかでしまりのある超軟水が、酒の切れを生む。「原料を超える酒は造れない」と川端は言う。それほど、この地の米と水にほれ込んでいた。

報道陣には、酒税法の最低ライン「年産60キロリットル」を目指すと説明。「小仕込み」だからこそ実現できる「高品質」に徹底してこだわる姿勢を鮮明にしたのだ。

試験醸造を支えたまちのワンチーム

その川端が、試験醸造を翌日に控えた5月22日も深夜まで酒蔵にこもっていた。のこぎりを取り出し、そろっていない酒造用の道具作りに追われている。給水設備が急きょ変更になり、試運転のできていない機械もあった。試験醸造まであと数時間。川端の目は、睡眠不足で真っ赤になっていた。

試験醸造当日。仕込むのは杜氏の川端、福井の酒蔵からやって来た20代の女性研修生、そしてこの日初出社したばかりの元スーパー店長の女性だけ。そこへ報道陣がどっと押しかけた。川端は強烈なプレッシャーを感じた。

「ゼロからスタートするくらい大変なことはありません。うまくいくまでさまざまなトラブルを想定していました。蔵を動かしてみないと、何が起きるか分かりませんから」

そこへ、助っ人に現れたのが有志の会「酒蔵支えＴａＩ《たい》」だ。町役場の職員を中心にサポートを買って出た熱狂的なメンバーだった。そのうちの一人、山栗が振り返る。

「川端さんの指導を受けながら、洗米や浸漬《しんせき》（米を水に漬けて時間を測る作業）を手伝いました。麹室に入れる人もいて、うらやましかったなぁ……。ヤブタ式という搾り機の取り付けや、四合瓶のラベル貼り、周囲の草刈りもやりました」

その活動に人一倍驚いたのが、出資会社の日立トリプルウィン（現ＭＨＣトリプルウィン）から現地に派遣された大橋昭だった。

「出勤前や帰りに手伝いに寄ってくれて、しかも日に日に人数が増えていって……。夜になると居酒屋によく誘われ、『酒蔵ができて、良かった』と喜んでくれました。酒蔵って、地元の水と米と土地に根付いた地域密着の文化そのものなんですね」

生まれたての酒蔵を支えたのは、杜氏と住民たちのワンチームだった。川端は振り返る。

「上川町の人たちが熱心にやってくれると、この人たちのためにがんばろうっていう気になる。これが、『地方創生蔵』って言われるベースになっていると思います」

試験醸造の期間、蔵の煙突から蒸し米の湯気が一気に噴き出し、天に上っていくのが話題になった。「うちの酒蔵」の酒造りを告げる合図を、町民は自慢げに見上げたという。

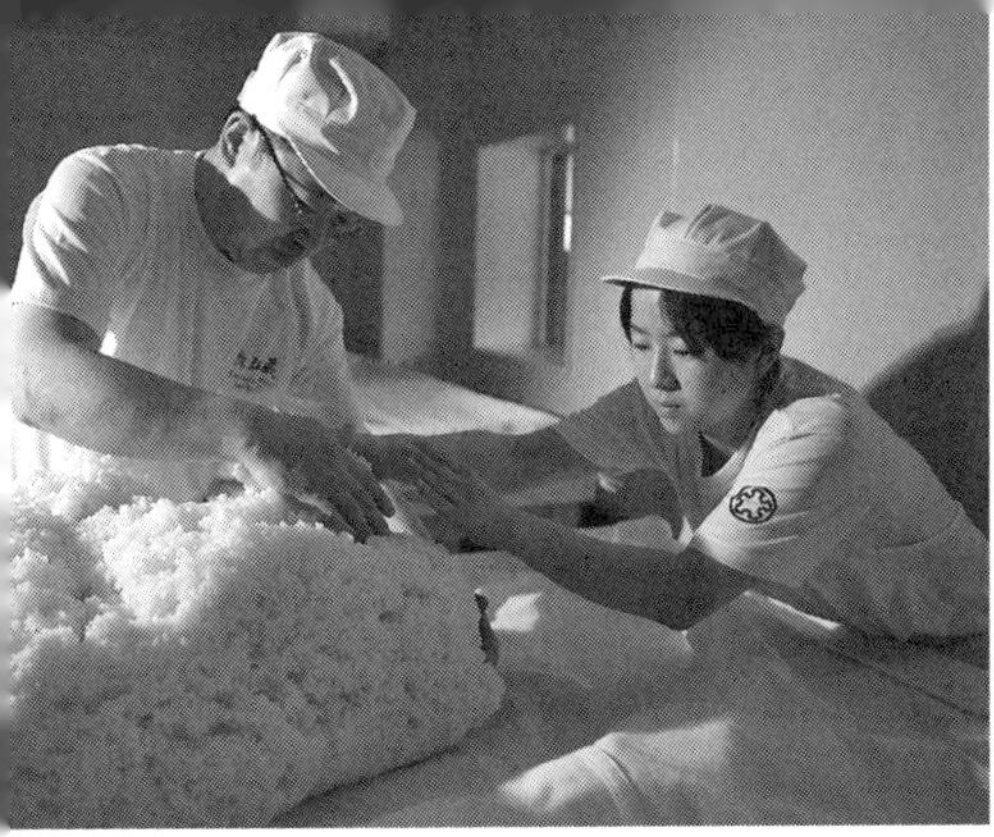

永平寺からきた未来の女性杜氏

試験醸造の初日から1カ月がたち、初搾りの日がやってきた。

川端は酒の香りを嗅いで口に含み、「暖かい時期にしては上出来だ」とほおを緩ませる。その酒を感慨深く味わった女性がいた。福井県永平寺町の「吉田酒造」からきた研修生・吉田真子だ。神妙な面持ちで口に含み、「うん、うん」と何度もうなずいていた。

吉田酒造は、中古のもろみポンプなどを福井・敦賀湾から北海道まで海路で運び、塚原の酒蔵造りを支援した仲だった。上川大雪酒造の創業に協力した三上康士が吉田酒造の経営支援も行っていた縁によるものだ。

吉田自身は2015年に関西大学を卒業後、体調を崩した蔵元の父親を助けようと蔵に戻ったが、酒造りの要領が飲みこめず、迷いが出ていた。蔵元を継いだ母親・由香里は、リフレッシュのつもりで北海道行きを勧める。2カ月の約束だった。

川端は「試験醸造ができたのは彼女のおかげ」と恩義を忘れない。吉田も「川端さんから酒造りを一から教えてもらい、ど

んどん分かるようになりました」と感謝の思いでいっぱいだ。

「酒蔵支えＴａＩ」にも驚いた。「みなさんの支援にビックリしちゃって。普通の蔵ではありえません。すごいことです」と言う。

夜は居酒屋で大いに語り合い、キャンプ場で大人数のバーベキューも楽しんだ。宿の部屋の前にそっとかぼちゃのスープが置いてあったこともあった。おもてなしの心が身に染みた。

仕込み1号〜6号のすべての試験醸造に立ち会った。受け取った酒瓶は今も宝物だ。

夢のような研修が終わり、吉田は晴れ晴れとした思いで福井に戻った。杜氏は体を壊して不在で、後任も決まらなかった。すると、川端が「彼女ならできますよ」と蔵元に伝えてきた。

「杜氏、やってみる?」と問われた吉田。荷が重いと思ったが、酒蔵を愛してやまない上川町の人々の表情が浮かんだ。自分の手で、地元に愛される酒蔵にしたいと思えるようになっていた。

「やってみます」

吉田は、すっかり杜氏の顔になっていた。

お披露目

2017年7月2日。上川町のレストラン「フラテッロ・ディ・ミクニ」は、緑丘蔵の完成パーティーでにぎわっていた。参加したのは、上川町長の佐藤をはじめ北海道庁、道酒造組合、ホクレン、層雲峡観光協会、出資企業、金融機関、メディアなど50人。

各テーブルには「2017年 試験醸造 仕込1号 純米無濾過生原酒」の四合瓶が置かれ、次々とグラスに注がれていく。

「これは、すっきりしている」

「芳醇なのに、さわやかじゃないか」

参加者のそんな声を聞き届けながら、塚原が挨拶のマイクを握った。

「最初、この（酒蔵移転の）話をしたときは『おまえ、正気か？』と言われました」

会場の笑いを誘うと、塚原は「笑い話だと言えるようになったことに、感謝と感動を覚えています」と続けた。参加者たちは、深くうなずいていた。

そして、体調を崩して参加できなかった情報システム大手「日本オラクル」設立者の佐野力（小樽商大1963年卒）の祝文が読み上げられた。それを聞いた参加者たちは、この地に酒蔵ができた奇跡の重みを、必死に感じ取ろうとしていた。

塚原さん

おめでとうございます。

とうとう、正式な出発にこぎつけましたね。

2年前に、貴兄の企画をはじめに聞いた時は、正直、「正気」なのかと思いました。でも、何度も聞いている内に、ひょっとしたら、この男は、金山を掘り当てるかもしれないと思うようになりました。

貴兄は、突破不可能な障害を冷静に分析し、忍耐を持って、然るべき人や組織を説得し続けました。

その、行動力、情熱は、「幸運」までも引き付ける気迫に満ちています。

成功してください。

すべてのベンチャー、いやすべての職業人の模範となります。

もし、万が一、失敗しても、必ず、後々まで長く語り継がれるでしょう（笑）

貴兄が挑戦した「前例がない」という壁は、日本だけでなく、あのシリコンバレーでも、前例がない…

NO PRECEDENT《ノープレシデント》と言って、日常、実際に体験しました。

企業が成功すると、有名大学卒や資格を持った人が集まってきて、初めのころのベンチャー精神をどんどん失ってゆきます。

どんなに魅力的な企画でも、最後には、「前例がない」という理由を付けて決めることを伸ばしたり、拒否するのです。

通常は、ある程度の分析がでたら、当然前進すべきなのに、決定しないのです。人間として、経験や直感が乏しいのではなく、最後は、人間としての「勇気」がないのです。

健全なる勇気、野性的魅力ある勇気は、多くの人の期待と協力を引き出し、最後に幸運をしっかりと連れてきます。

「塚原のやつ、やっぱりやったか」とみんなをうならせてください。

ぜひ、でっかい幸運をつかみ取り、この面白くもないこの世を、うんと面白くしてください。

いくら努力しても、ラッキーではない人がいます。

しかし、人生は、ラッキーと言われることが一番大事なのです。

佐野力

四・生まれ変わるまち

「関係人口」を呼び込む

クラウドファンディングの力

上川大雪酒造は、立ち上げから早くも一つの伝説を生んだ。

2017年の試験醸造が報道されると、「上川の酒をわけてほしい」と問い合わせが殺到。そこで、地元向けに販売する予定だった試験醸造酒の一部をクラウドファンディング「マクアケ（Makuake）」の返礼品に出したところ、空前のヒットを呼んだのだ。

マクアケは、新規事業を支援するためのインターネット募金システムをいい、出資者には返礼品が贈られる。いわばふるさと納税の民間版だ。

同年7月31日、マクアケは上川大雪酒造の募金をスター

ト。1口あたり6500円〜1万7千円の4種類を設けた。

紹介サイトには、この酒が大雪山系の雪解け水と優れた道産酒米の賜物だとうたい、層雲峡温泉の観光案内もセットにして上川町の魅力をとことんPRした。「酒蔵支えTaI」のはち切れんばかりの笑顔の写真に「地域に愛される美味しい地酒を造って、分かち合いたいと思います」というメッセージを添え、「地方創生蔵」の誕生を宣言した。

すると、マクアケのサイトに309の応援コメントがアップされた。杜氏・川端慎治の酒を待ち望んだファンに加え、上川町を訪れてみたいという声がいくつも並んだ。

「すごいストーリーで、この日本酒にもすごく興味を持ちましたし、町づくりに対する思いにもすごくひかれました。一度、酒蔵にも、神々が住む森にも行ってみたいと思いました。これからも、頑張ってくださいね。石川県から応援しています！」

「新規の酒蔵が興ることになり、また面白いことになってきました。札幌からはやや遠いですが、最近方々の酒蔵に伺ってますので、上川大雪酒造さんも、見学可能でしたら是非お伺いしてみたいです」

募金は受け付け開始1時間半で目標の100万円を突破。4週間後の締め切りまでに1513人から1383万5500円が集まった。日本酒ジャンルで最速のペースだった。「関係人口」という言葉がある。移住者を含めた「定住人口」とは異なり、地域と多様に関わる人びとを指す言葉だ。

クラウドファンディングは、上川町の名をPRする絶好の機会となり、訪れたことのない人びとを酒蔵の魅力によって町に引き寄せ、「関係人口」をつくるきっかけになった。これは偶然の結果ではない。綿密な戦略を練った仕掛け人がいた。

仕掛けと共感

クラウドファンディングを提案したのは、上川大雪酒造のクリエイティブディレクター・新村銀之助。通販化粧品メーカー「ハーバー」でPR誌の編集長をはじめ、クリエイティブ全般の責任者を務めた。塚原の元同僚だ。

通販は「心のビジネス」だとハーバーで徹底的にたたき込まれたという。

クラウドファンディングを手がけたときも、ストーリーと微細な見せ方を大事にした。「酒蔵支えTaI」による支援の輪が広がり、お

披露目された試験醸造酒を待ち望んだ川端ファンの熱気も高まっていた2017年7月最終日に照準を合わせ、募金を開始。マクアケに応援コメントが載ると、新村は一つ一つに丁寧にお礼を返した。

「記事を拝見して、今回支援させて頂きました!上川町へも行ってみたいと思います!」
――上川町には日本とは思えない景観があります。北海道でもここにしかない大自然があります。そんな広大な土地に小さな小さな酒蔵をつくりました。我々のチャレンジはまだ1合目です。今後ともご支援の程、何卒宜しくお願い申し上げます。

「嫁入り前、最後の父へのプレゼントとして、最高の贈り物にもなります」
――我々もゼロからのスタートです。これから新たな歴史をつくって参ります。

新村が心得ていることがある。ようやくつかまり立ちできた、よちよち歩きの酒蔵の姿を前面に出すこと。支援者は、できあがった完成品を求めているのではない。「酒蔵は確かにできたけど、借金を抱えて大変なんだ」と弱みを見せることもいとわなくていいと考えた。

「自分が支援したら、もっといいものになる。そう思えるストーリーがこの酒蔵にあったからこそマクアケで仕掛けをつくり、共感を得られたんです」

新村は、酒蔵のロゴマーク「家紋」も考案している。ひと目で認識してもらえる酒蔵のシンボルマークにするとともに、新参者の上川大雪にとって、まちの人たちに親しみを持って受け継がれていくマークにしようと、半年をかけて考え抜いたという。

浮かんだのは、大雪山系の「大」の字をかたどった五角形。これを雪の結晶のように図案化した。結晶といえば六角形だが、酒の「五味」である「甘」「酸」「辛」「苦」「渋」を表現しようと「五」にこだわった。

北海道の先住民族「アイヌ」の伝統文様も取り入れた。新村はアイヌ集落に通い、本物の文様を学んだ。失われることのないアイヌの普遍性を受け継ぎ、50年、100年の風雪にも耐えうる酒蔵にしようと思いを込めた。

社名の「上川大雪酒造」の文字にも、よく見ると仕掛けがされている。「雪」の四つの点、「酒」のさんずい、「造」のしんにょうが、米粒と水滴の形になっているのだ。日本酒の原料である米と水を潜ませたところに、新村の遊び心が生かされている。

家紋のデザインの変遷

線の太さや紋のサイズなど、微調整しながら11パターンを作成、最終的にバランスなどをみて現在の家紋に決まった。

社名デザインに隠された遊び心

上川大雪酒造の文字を拡大すると、細かな芸が施されており、これがニュアンスとなって唯一無二の文字を生み出している。

新村のこだわりはこれだけではなかった。

上川大雪酒造では酒米産地ごとの地域限定酒を数多く手がけ、醸造方法や麹も多様なため、商品のラインアップは多彩になっていった。新村は、その種類ごとに特徴を出そうと異なるラベルを制作。同じ種類の酒でも、濁り酒や初しぼりの売り先や企画商品によってラベルを少しずつ変えた。こうしてできあがったラベルは、2024年7月現在、650種類に達している。

地域限定酒「神川」

試験醸造に確かな手応えを感じた上川大雪酒造は、2017年秋、本格醸造に着手した。

塚原は、初めて売り出すブランド名を「かみかわ」と呼ぶことにした。脳裏に、大雪山系の雄姿と初めて向き合った記憶がよみがえっていた。広大な山麓は「神々の遊ぶ庭」。ならば、「神」を採って「神川」としよう——。

こうして、上川エリアでしか手に入らない地域限定酒「神川」が生まれた。その販売戦略は徹底していた。塚原が言う。

「緑丘蔵には、ストックを置く倉庫すらありませんでした。だったら町の酒屋やコンビニやスーパーにお酒を置いてもらって販売し、町じゅうを倉庫代わりにさせてもらおうと思いました」

「神川」を上川エリアにしか卸さない戦略を取ると、思わぬ事態が起きた。上川層雲峡インターチェンジそばのコンビニエンスストアに団体客のバスが乗り付け、「神川」の大量買いが起きたのだ。店長は一計を案じ、安全性を確保したうえで、酒瓶の入った段ボールのまま、店内に設置した。これも奪い合うように売れた。店長が言う。

「平日は地元の方が多いですが、週末になると層雲峡のお客さんたちが爆買いにやってきます。リピーターのお客さんから『宅配便で送って』と注文も来る。売り上げは月に千本を超えることもあります。週に1～2度ほど緑丘蔵に買い付けに通い、在庫を絶やさないようにしています」

緑丘蔵ができると、「地方創生蔵を見たい」とバスに乗った視察団も上川町に相次ぐようになり、17年には100組以上が訪れた。この視察団が売り上げに貢献したのは言うまでもなく、視察ブームが上川町を活気づかせた。おかげで緑丘蔵は初年度から黒字を達成する。川端が振り返る。

「最初、月250本製造しては欠品になり、その後も月450本まで増産していきましたが、やはり欠品になる。コンビニの箱買いや、札幌・すすきののすし屋の大量買い付けがあったりしたおかげですが、なんでこんな狭い町で売れるんだと嬉しい悲鳴でした」

上川駅近くのまちなかにある斉藤酒店は、今でも毎月20万円相当の売り上げが続いている。店主には、「神川」を仕入れた当時のこんな記憶がある。

「見たこともない観光客がふらっとやってきて、『神川って置いてますか』と聞くんだ。そういう人が次々とやってきて、まちなかをぐるぐるとめぐって歩くようになったね」

「上川でしか買えない地酒」という戦略が客を呼び込み、まちを回遊する光景が見られ

るようになった。まちに人通りを取り戻すきっかけを、この酒蔵が生み出したのだ。

こうしてまちを挙げてできあがった酒蔵は、沈みかけた上川町の名を道内外に知らしめることになった。これが弾みとなり、まちづくりが想定を超えた大きなうねりを生んでいこうとは、上川町の誰も想像することはできなかった。

「感動人口」を生み出すまち

進化する上川モデル

あれから7年——。

2024年6月11日。東京都品川区の臨海地域「天王洲アイル」のイベント会場「EZOHUB TOKYO」では、上川町と携帯電話大手「NTTドコモ」の関係者がひな壇に並び、まちづくりに関する〝未来共創パートナーシップ協定〟の調印式が行われていた。

ドコモが運営するインターネット上の仮想空間「メタバース」を使い、町外に住む支援者が遠隔地に居ながらにしてまちづくりの提案や実施・運営に携わることができるというコミュニティーをつくり出す。将来的には、支援者たちが町を行き来して「関係人口」として活躍できる場を提供しようという試みだ。

上川町から調印式に臨んだのは、同年4月の町長選で無投票当選した町役場の元総務課長・西木光英。前町長の佐藤芳治は4期16年を務め上げ、右腕として長年支えてきた

西木にバトンが渡った。西木は調印式でこう語った。

「上川町はわずか人口3千人の町で、いわば〝課題先進地〟です。今後も人口は減少し、多くの地域課題を抱えています。でも、これまでの取り組みが実を結び、若い人たちが移り住んでくれるようになりました。諦めがただよったこともありました。でも、希望を見いだし、町は変わりつつあります。町長として、チャレンジを支援します」

調印式に続く交流会では、上川大雪酒造の名前が入った酒樽の鏡割りがあり、会場の参加者に酒がふるまわれた。在京の上川町ファンやまちづくりに関心のある学生、そしてメディア関係者が次々と杯を空けていく。

西木は、上川大雪酒造の酒樽を見つめながら、会場の参加者にこう回顧した。

「上川大雪酒造の試験醸造のとき、川端杜氏から『人手が足りない。手伝ってもらえないだろうか』と声がかかって、『酒蔵支えTaI』ができました。自治体と企業が互いの枠を越え、人と人が結びついたんだと思います。ドコモさんとも、そうでありたい」

実際、酒蔵造りを通じ、上川大雪酒造と町民が手を携えた取り組みは、まれにみるまちの再生ストーリーとして共感を呼んだ。これに共鳴した大都市の企業が次々と上川町を訪れるようになり、わずが7年の間に、まちづくりの絆が次々と生まれている。その絆は連携企業の間をも取り結び、上川町独特の地方創生のモデルができあがっていた。

支える主な企業連携

町

酒造
飲料
飲食

自然
温泉
観光

Columbia

米国スポーツ用品メーカーの日本法人
2021年3月締結

町内に直営店出店▽「山岳リゾート」の紹介テレビ番組を町と共同制作▽ふるさと納税返礼品を開発

INFINITY GLOBAL SCHOOL

小中高一貫のオルタナティブスクール（東京）
2021年3月締結

町内に全寮制の中等部を開設。豊かな自然や住民とふれあい主体性を高める「オルタナティブ教育」を展開

クラブツーリズム

旅行会社（東京）
2021年10月締結

上川町版DMO「大雪山ツアーズ」に社員出向▽農業や氷瀑まつりの手伝いを組み込んだ町民交流ツアー

TSI HOLDINGS

アパレル会社（東京）
2021年10月締結

着なくなった服を町民から回収、再利用して仕立てるアップサイクル事業実証を開始

上川町のまちづくりを

農業
林業
畜産

住民
＋
移住者

上 川

NewsPicks

オンラインニュースメディア（東京）
2021年11月締結

町の内外をつなぐオンラインコミュニティのサイト運営▽各種官民連携の支援

サッポロドラッグストアー

ドラッグストアー（札幌）
2022年11月締結

町内での宿泊社員研修と町役場職員との合同ワークショップ

Goodpatch

デザイン会社（東京）
2023年8月締結

自社社員を町役場に派遣▽豊かな自然や地場産業の実地体験を盛り込んだ企業研修を町と共催

NTTドコモ

携帯大手（東京）
2024年6月締結

オンラインの仮想空間を使い町外支援者がまちづくりのアイデアを出せるコミュニティー作り

連携を生み出す東京事務所

上川町を支える連携の数々が生まれようとは、前町長の佐藤は想像することすらできなかったようだ。佐藤は言う。

「職員が酒蔵を応援しようと取り組みはじめ、酒造りを手伝い、塚原オーナーも川端杜氏もそれを意気に感じてくれた。その過程で、職員の意識が変わったと思う。ほら、役場にいる職員の目つき、生き生きとしているでしょ。主体的に職員が動くようになって、もう勝手にプロジェクトを走らせている。それがいいんだよ」

いち早く連携を結んだのは、米国系スポーツ用品メーカー「Ｃｏｌｕｍｂｉａ」の日本法人。２０２１年3月に包括連携協定を締結。町内に直営店を出店したのを手始めに、上川町の大自然を舞台にしたテレビ番組「ＤＩＳＣＯＶＥＲ大雪」を制作。ここに暮らす人びとを丁寧に取り上げ、さまざまなアウトドアライフを紹介している。

同社はさらに社員を上川町へ派遣し、町役場の若い職員とチームを組み、ふるさと納税の返礼品となるクラフトトートバックを開発するなどお互いのアイデア出しも盛んだ。

東京にある小中高一貫のオルタナティブスクール「インフィニティグローバルスクール」も連携企業の先行組。層雲峡温泉のホテルの跡地を活用して全寮制の中等部を開設し、上川町の豊かな自然のなかで、受け入れマインドあふれる住民たちとのふれあいを通じて生徒たちの主体性を高めようという「オルタナティブ教育」を実践している。

こうした民間パワーをまちの活性化に取り込んでいくため、その先兵役として22年に開設したのが東京事務所だ。常住している上川町役場の三谷航平が言う。

「わたしの役目は、連携企業を増やし、企業版ふるさと納税の形で寄付をお願いすること。もう一つは、上川町におもしろい人を連れていくことです。地域との関わり方を考えてもらい、将来的には移住や短期のワーケーションで来てもらいたい」

三谷によると、企業に連携を提案するとき、上川大雪酒造の例を引き合いに出し、「緑丘蔵のお酒は町民がたくさん買ってくれるんです」と連携企業を支援する町民マインドを説明するという。人口3千人の町を案じる相手企業もホッとして話を聞いてくれるそうだ。

実際、上川大雪酒造の生産量は22年度実績で四合瓶にして約44万本になるが、その1割強を人口約3200人の上川町で販売しているという数字がある。

三谷に対し、前町長の佐藤は、東京事務所を置く意義を言い聞かせたという。

「もう町の人口が減るのは仕方ない。だから、まちづくりに関わってくれる人を増やそう。しかも、心から感じて動いてくれる人を一人でも増やすんだ」

心から感じ、動いてくれる人——上川町ではこれを「感動人口」と呼ぶことにしている。

「感動人口」づくりを支援してくれたのは、連携企業のニュースサイト運営会社「ＮｅｗｓＰｉｃｋｓ」（ニューズピックス）だ。上川町の課題を提起し、町民とニューズピックスの読者が一緒になって解決策を探るコミュニティー「ＫＡＭＩＫＡＷＡ ＧＸ ＬＡＢ」を作った。町の悩みをぶつける真剣トークが交わされ、ここで培った人脈から、ドラッグストアチェーン「サッポロドラッグストアー」（札幌市）の社長・富山浩樹を紹介され、連携協定が生まれた。

ちなみに、前述したＮＴＴドコモと上川町の調印式会場となった「ＥＺＯＨＵＢ ＴＯＫＹＯ」はこのドラッグストアが東京に開設した事業創出の拠点で、上川町も活用している。

三谷は、上司である上川町の地域魅力創造課課長補佐の小知井和彦や清光隆典らと緊密に連絡を取り合い、官民連携や感動人口づくりの輪を絶やさないようにしているという。前町長の佐藤から「立ち止まるな」と言われてきた。止まったら、町は勢いを失ってしまう。特にその重責を三谷と上司の小知井はともに身に染みて分かっていた。

実は、この2人は、上川大雪酒造の社長・塚原敏夫とただならぬ関係にあることを指摘しておきたい。2人は「大雪 森のガーデン」の担当職員だったのだ。三谷が言う。

「レストランとヴィラを運営する塚原さんから、土日も関係なく携帯に電話がかかってきました。『ガーデンショーのプロモーション、ちょっと違うんじゃないかな』という感じで。塚原さんは、ガーデンショーのPR一つ一つにこだわり、写真一つを選ぶにも、プロモーションに込める思いやストーリー展開を考えろって。当時は野村證券出身らしい凄腕ビジネスマンそのもので、今は随分と丸くなったように思います」

なるほど、ときに、ぶつかり合うこともあったという。それは、自治体と民間企業の垣根を越え、生身の人間同士が向き合ったからだろう。ガーデンの開園、そして酒蔵のオープンといくつもの難所をクリアしたからこそ、得られたものがある。三谷や小知井らはいまや、まちづくりのプロフェッショナルとして都会の大企業相手にひるむことがない。

移住する新たな担い手たち

現町長の西木が言うように、移住者が増えてきたのもまちの魅力が高まったおかげだ。上川町では、地域おこし協力隊を「カミカワークプロデューサー」と呼び、2023年

8月時点で25人を数えた。募集の枠が多彩で、町の魅力を発信する「クリエイティブ」担当をはじめ、地元食材を使ったレシピ開発やカフェの立ち上げを担う「フード」、誘客効果のあるスポーツやキャンピング事業を担当する「アウトドア」、ガラス細工などの職人技を伝承する「クラフト」、ワークショップやイベントを担う「コミュニティー」、子どもの教育プログラムを提供する「アカデミック」の各募集枠を用意。最長3年の任期だが、なかには、夫婦そろって協力隊として移住し、22年11月に町内にカフェを立ち上げたケースも生まれた。移住者を温かく迎え入れてくれたまちの雰囲気が気に入ったそうだ。

２０１９年、協力隊向けに八つの個室とコワーキングスペース、共同キッチンを兼ね備えた2階建てのシェアハウス「カミカワークラボ」がオープン。ここを活用し、上川町では協力隊の希望者向けに2泊3日の「お試しインターン」も募集している。町民と先輩隊員が交流し合うスペースは刺激的で、希望者殺到だそうだ。

協力隊出身者が町に定住し、もう一つのまちづくり集団もよみがえった。

上川町のラーメン店15店舗が１９８６年に立ち上げた「上川町ラーメン日本一の会」。大雪山系の湧き水を使った麺とスープを売りに、〝日本一ラーメンがおいしい町〟を

PRして一世を風靡した。現副会長の「あさひ食堂」鎌田康雄は「過疎化といわれ続け、まちに魅力がないと、まちなかを走る国道を素通りされるじゃないかって危機感で旗揚げした」と言う。

ところが近年、加盟店の閉店が相次ぎ、初代会長の店も閉じて5店舗に。ラーメンの会の存続が危うくなったところへ、男性の協力隊員が初代会長の店を継承、会は息を吹き返した。

鎌田は自身の経験から「官主導では続かない。30年以上前、ぼくがラーメン音頭を作って歌ったり、キャラクターを立ち上げたりして民主導でラーメン日本一を仕掛けた。それをものすごい勢いで再現したのが上川大雪酒造。酒蔵の誕生で、町は本当に一変した。その勢いをラーメンの会ももらったんだ」

鎌田は現在、上川町の商工会会長。この人物こそ、酒蔵が持つ誘客力に気付き、役場を動かしながら繰り返し酒蔵イベントを主催した、言わずと知れた上川大雪酒造の応援団長だ。

上川大雪のまちづくり

上川大雪酒造は、その後のまちづくりにも重要な役目を果たしている。

何よりも大きいのは雇用の創出だろう。ポイントは女性が働きやすいところにある。試験醸造の初日に採用された元スーパー店長・豊川陽子は現在、緑丘蔵のスタッフを取り仕切る要。社員10人のほかに、地元採用のパート従業員が7人いる。このうち4人が酒蔵の業務に携わり、残り3人はショップで販売を担当する。

パート7人のうち6人に子どもがいる。互いに融通し合い、子どもの急な用事のときは休めるよう働き方を工夫している。豊川が言う。

「酒蔵で働く前、スーパーの店長でした。5歳と3歳の子どもがいるけど立場上お休みが取りにくい。人手不足で交代もいなくて、保育所の参観日にも行けないこともあった。山間部の上川町には子を持つお母さんの働きやすい職場がなかなかなくて。だから酒蔵は働きやすいんです」

そもそも、杜氏の川端慎治や設計士の大島有美がアイデアを凝らし、女性でも働きやすい酒蔵造りを目指した。だから、女性を雇用しやすい利点がある。

社長の塚原はさらに、JR上川駅周辺の商店街に回遊性が生まれるよう、チーズ工房「KAMIKAWA KITCHEN」をオープンした。

チーズ工房は町の施設を利用。開業から数年は町内の酪農家から生乳の無償提供を受け、日本酒を造る過程でできる乳酸菌を活用してチーズを作る。

酪農は町の主力産業だが、生乳を利用したアイスクリームやパンの製造工場が数年前に閉じていた。せっかくの生乳だから商品化して流通させる「6次化」をしたい、と名乗りを上げた。「層雲峡帰りの観光客がチーズを買いに商店街へ入ってきてくれたら、人の流れができる」と塚原は言う。

これに先立ち、後継者不在で閉鎖していたホテルを取得してリニューアルオープンした。JR上川駅周辺は民宿を除くと宿泊施設はほとんどない。観光客の多くは層雲峡温泉に泊まる一方、車で1時間程度の旭川市内のビジネスホテルの利用も多い。後者の客層を町の中心部のビジネスホテルにつなぎ止め、地域の活性化につなげようという思惑がある。

上川大雪酒造によると、酒蔵やレストランのほかこうした新規事業を加えたグループ全体が上川町にもたらす経済効果は、22年度実績で2億2千万円に達しているという。

まちが人を変える

ファッションビル「マルイ」で知られる丸井グループが2022年、若手社員を対象とした4泊5日の人材育成研修を上川町で開催した。主催したのは、連携企業「Goodpatch」(グッドパッチ)。地域活性化起業人という制度を使い、上川町に自社の社員を派遣しており、研修事業はいわば町との協業だ。

初日は、上川町役場で連携事業を取り仕切る小知井たちとのトークセッションと懇親会。2日目は緑丘蔵の見学や塚原との対話が交わされたほか、町のキーパーソンやアクティブな林業家らを呼んだ。ジャンルはさまざまだ。

単に講演を聞くだけではない。酒造りや林業を実地に見て回るコースも用意された。さらに、上川高校の生徒たちに、参加者が「働くとは何か」「なぜ自分が丸井グループで働いているのか」を発表する場も設けられた。高校生にわが身を語るため、自分自身をとことん見つめ直すいい機会になったという。

研修では、上川町の先頭に立ち、周囲を巻き込んでまちづくりを進めるリーダーたちと触れ合い、「人を巻き込む力」をまざまざと体感することになったようだ。

参加者のなかには都会の暮らしに忙殺され、自分を見失いかけた者も少なからずいた。退職を考えていた社員もいたという。研修を通して上川町の人たちと生身で接して心をゆすぶられ、涙が止まらない瞬間を体験した。心をリセットし、もう一度この会社で奮起してみようと思い直したそうだ。

町役場と酒蔵の担い手たちが講師役となり、都会の企業人たちにまちの再生マインドを伝え、感動を呼ぶ。

ここは、人を変えるまちとなった。

上川大雪の酒造り

目指すのは〝飲まさる酒〟。
北海道の言葉で〝ついつい飲んでしまう〟という意味だ。
その酒を「雪解け水の味がする」と評したのは
全国の銘酒を知る酒販店「いまでや」(小倉秀一社長)。
凛(りん)とした骨格があり、重層的な味わいながら
記憶に残るなめらかな質感のある飲み口だという。
その秘密は、高品質な酒を生み出す「小仕込み」。
こだわりの丁寧な酒造りがここにある。

原料

日本酒の基本原料は「米」と「水」。総杜氏の川端慎治は「原料以上のものは造れない」と言う。この二つが酒の味を大きく決める。上川大雪酒造が使うのは、全量、北海道の酒造好適米（酒米）。それぞれに個性の違う「吟風（ぎんぷう）」「彗星（すいせい）」「きたしずく」の3種類で、どのような酒を造りたいかによって品種や産地を使い分ける。水も蔵ごとに地元の水を使う。上川町の「緑丘蔵」と函館の「五稜乃蔵」は超軟水、帯広の「碧雲蔵」は中硬水。

緑丘蔵で使う水は、大雪山系の雪解け水が注ぎ込む留辺志部川のほとりの湧き水。
クリアでやわらかいのが特徴。

精米

酒米は、中心部から外側に行くほど雑味につながるタンパク質があるため、食用米より精米歩合が高いのが一般的。国税庁は精米歩合によって酒の名称を定めており、大吟醸酒は50%以下、吟醸酒は60%以下、本醸造酒は70%以下。醸造アルコールを足さない純米酒には精米歩合の規定がない。上川大雪は、米の表面を必要以上に削らないよう扁平に削る精米方法(扁平精米)も採用している。

上川町の隣、愛別町で柴田隆が育てる酒造好適米(酒米)。
それぞれの名称の酒に合うように精米し、仕込みに使う。

洗米・浸漬《しんせき》

精米した酒米は、残った糠などを洗い落とし、水に浸ける（浸漬）。上川大雪酒造では、少量（10kg）ずつ丁寧に洗う。一度に浸漬をするよりも少量ずつ小分けにした方が吸水率のコントロールができ、微調整が可能になる。

酒米は少量ずつ丁寧に浸漬させることで、仕込みに適切な状態になる。

蒸し米

酒米は「甑（こしき）」という大きな蒸し器に入れ、蒸し上げる。水に浸して炊く食用米に比べ、蒸すと全体の水分量が30〜40％に抑えられ、酒造りに適した状態となる。蒸し上げたらすぐに取り出し、冷却する。

時間を調整しながら蒸し上げられる酒米。このあとに作る①米麹②酒母③もろみのいずれにも使う。

麹造《こうじづく》り

蒸し米は高温多湿に設定した部屋「麹室（こうじむろ）」に広げ、種麹（麹菌の胞子）を振りかけ、米の一粒一粒に菌を植え付ける。日本酒では一般に種麹は黄麹を使うが、上川大雪酒造では、商品によって焼酎造りに使われる白麹を使うこともある。

よく混ぜて盛り上げ、布で包んで保温し、菌が活性化するのに適した状況を作り、麹菌を発芽させる。すると麹の菌糸が米の中心に向かって深く入り込む〝突き破精（はぜ）〟と言われる状態に。これが米麹で、酒母を仕込むときと、もろみを仕込むときにそれぞれ使う。

昔から酒造りは「一麹、二酛（もと）、三造り」と言われるほど、
麹造りは大切な工程。蒸し米に麹菌を振りかける。

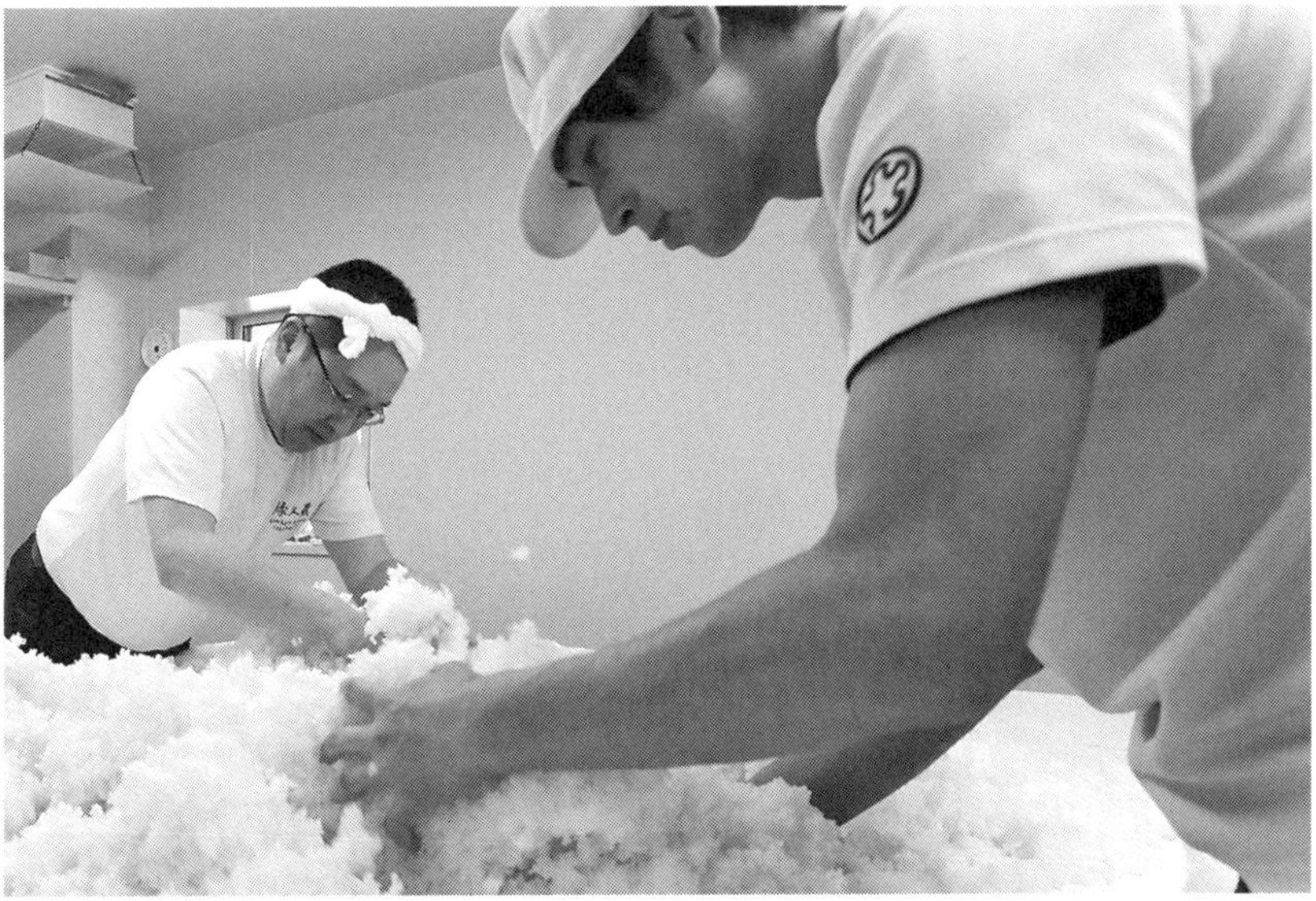

麹菌を振りかけたら素早く混ぜて、米に菌を植え付け、
高温多湿の室内で菌を育て、麹にしていく。

酒母《しゅぼ》

酒母とは、日本酒を造るおおもとの液体のことで、アルコールを作り出す酵母菌を増殖させる役目がある。酵母菌と蒸し米・米麹・水を混ぜてつくる。雑菌による汚染を防ぐために乳酸を添加し、酸性状態にする。

アルコール発酵のもととなる酒母を、小さな桶で2日かけて仕込む。

もろみ

もろみは、酒母に基本材料(米麹・蒸し米・水)を加えて発酵させたもの。〝三段仕込み〟という日本酒独特の伝統技術を用い、3回に分けて基本材料を加え、酵母の力をキープしながら酒母を倍々に増やしていく。

1回目を初添(はつぞえ)といい、小さい桶(添え桶)に酒母とその2倍量の基本材料を加え、櫂棒(かいぼう)と呼ばれる棒で混ぜる。混ぜた翌日は1日置いて、確実に発酵を済ませ、酵母が落ち着くのを待つ。3日目に仕込みタンクに移し、最初の酒母の4倍量の基本材料を、4日目には最初の酒母の7倍程度の基本材料をそれぞれ加え、櫂棒で混ぜて、もろみの完成。これを20～35日ほど発酵熟成させると、酵母が徐々に増えてアルコール度数が上がる。

上川大雪酒造の仕込みタンクは小さいため、櫂棒が隅々まで行き届き、全体が均一な状態で発酵しやすくなる。温度調整もしやすいので、質の高いもろみができる。これを「小仕込み」という。

米麹、蒸し米、水を加えたら、長い棒でタンクの底から混ぜて、均一にアルコール発酵が進むようにする。

上槽《じょうそう》

もろみは「どぶろく」の状態になっている。これを搾って、清澄な酒と酒粕に分ける作業を上槽という。搾り方には「袋搾り」「槽搾り」「圧搾機」の3つがあり、現在は、自動でスピーディーに搾る圧搾機が一般的。袋搾りは、もろみを詰めた袋を吊るし、重力で滴り落ちた酒を集める方法で、もっとも丁寧。自然に落ちた滴はクリアで繊細な味になる。

上槽に向けて仕込みの最後、「留（とめ）」を行う蔵人。

瓶詰め

搾った酒は、唎（きき）酒して味を確かめたあと、瓶詰め作業に入る。日本酒は生のまま瓶詰めされ、冷蔵で保管、流通する生酒と、火入れ殺菌し、常温で流通するものに分かれる。

小岩隆一

1985年、北海道江別市生まれ。北海道東海大学卒業後、日本清酒（札幌）に入社。九重味淋（愛知）を経て、2017年9月、上川大雪酒造に副杜氏として入り、緑丘蔵の初仕込みから携わる。2020年、緑丘蔵の杜氏となる。

特別純米
十勝
TOKACHI HOKKAIDO
特別純米
上川大雪
KAMIKAWA TAISETSU
HOKKAIDO

上川、帯広、函館の三つの蔵で造られた「特別純米」。それぞれオリジナルラベルになっている。

帯広編

大学の酒蔵

碧雲蔵《へきうんぐら》

帯広畜産大学の構内に建てられた。日高山脈から発する札内川水系の天然水をくみ上げ、仕込みに使う。2階建て延べ床面積約1270㎡。セミナー棟・荷捌《にさばき》棟を併設する。年間製造量150キロリットル。

上川大雪酒造
碧雲蔵

キャンパスに建つ酒蔵

農学のテーマパーク

ＪＲ帯広駅から車でおよそ20分。中心市街地を抜けると、国立大学のなかで唯一の農学系単科大学「帯広畜産大学」の正面入り口にたどり着く。ここには門扉もなく、守衛もいない。誰でも構内に立ち入ることができる開かれたキャンパスだ。

そのなかに足を踏み入れた設計士・大島有美は、思わず胸を高鳴らせた。

東京ドームが41個入るという広大な敷地は整然と区画整理されている。赤茶けたレンガ造りの研究棟、緑色や小麦色に染まる大学専用の畑、手入れの行き届いた馬の放牧場、そして学生が集う鮮やかな芝生の広場――。各エリアがカラフルにキャンパスを彩り、その間をシラカバとクルミの並木道が縫うように続いている。

歩いていると、馬をパカパカと気持ちよさそうに歩かせている馬術部員たちとすれ違う。ごく当たり前のように、本物のエゾリスがピョンピョンと飛び跳ねている光景に出くわすと、もう心底しびれてしまう。ここは、まるで農学のテーマパークではないか。

このキャンパスの一角に、上川大雪酒造にとって二つ目の酒蔵構想が持ち上がった。大島のなかに、ワクワクするようなイメージがふくらみつつあった。2018年のことだ。

3大学統合のシンボルに

きっかけは、帯広市内で飲食店などさまざまな事業を展開する加藤祐功からのラブコールだった。上川大雪酒造の社長・塚原敏夫にとって母校・小樽商科大学の先輩に当たる。

「上川大雪の酒、うまいじゃないか。十勝では酒蔵がなくなって40年以上になる。どうだ、こっちでも造ってみないか」

緑丘蔵の日本酒は品切れが相次ぎ、初年度（2017年度）から黒字化を達成、滑り出しは良好だった。だが、塚原はそこに安住する経営者ではなかった。塚原は思った。

「新たに酒蔵を造るのは面白い。ただ、上川町のときのように膨大なエネルギーがいる。何よりも、酒蔵を誘致する『大義』が必要なんだ」

加藤は、そんな塚原の思いを察したかのようにこう言った。

「今度、三つの大学が経営統合する。酒蔵はその象徴になるんじゃないか」

三つの大学とは帯広畜産（帯広市）、小樽商科（小樽市）、北見工業（北見市）の各大学を指す。２０１８年５月に経営統合することで合意し、４年をかけて、国立大学法人「北海道国立大学機構」が22年4月に発足した。農学・商学・工学それぞれの単科系国立大学3法人が経営統合する国内初の試みとして注目された。

加藤の提案を聞いて、塚原にある思いが去来した。

全国に86ある国立大学のなかで、学生数や予算規模が下から数えた方が早いほど小規模な単科大学ばかりだ。その経営統合が「数合わせの延命策」と揶揄《やゆ》され、無性に悔しかった。

「でも、帯広畜産大は1次産業、北見工大には2次産業、小樽商大には3次産業のマネジメント力がある。三つを掛け合わせたら『6次産業化』になる。酒蔵がそのシンボルになれば、魅力を感じて志願者も増え、統合の機運も上がるに違いないと思いました」

しかも、日本の酒造りに一石を投じることにもなる、と塚原は思い立った。

米国産「カリフォルニアワイン」がその好例ではないか。生産地「ナパヴァレー」が

帯広畜産大学

1941年に創設。畜産学部を持つ国立の単科大学。「食を支え、くらしを守る人材育成」を掲げて農学・畜産科学・獣医学に関する教育研究をしている。大学院生を合わせて学生は約1300人。約6割を女子が占める。6割超が道外から入学、卒業生を道内外の食品・飼料メーカーを筆頭に学術研究・公務員・農業などの分野に送り出している。

世界的に知られるほど発展できたのは、醸造学を研究するカリフォルニア大学デービス校が重要な役割を果たしたからだった。

ならば、帯広畜産大学と酒蔵が組んで地域に新たな価値を生み出せば、北海道に「日本版ナパヴァレー」が誕生するかもしれない――。

塚原の頭のなかに次々とアイデアがあふれ出し、やむことはなかった。

緑丘蔵を立ち上げたときのあの興奮がよみがえってくる。前例なき世界に飛び込んで挑戦する「ファーストペンギン」に、もう一度なってみてもいいと思い始めていた。

封印された「発酵ヴィレッジ構想」

酒蔵誘致の打診

帯広市内では、小樽商科大学の十勝支部同窓会が開かれていた。そこへ帯広畜産大学の学長・奥田潔（任期2016年〜22年）が姿を現し、歓声が上がった。

振る舞われたのが、緑丘蔵の酒。味わった奥田は「スーッと喉ごしがいい。うまい酒が北海道にあるものだな」となっていた。そのときだった。

「日本酒造りに、興味ございますか」

塚原だった。初対面の奥田に向かって、さらにこう語り掛けた。

「十勝地方に40年以上途絶えていた酒蔵を復興したいと思っています。国立大学である帯広畜産大のキャンパス内に建てることができましたら、前例のないことで、日本初になります。きっと、3大学統合の象徴になるはずです」と温めていた構想を打ち明けた。

奥田は、「3大学統合の象徴」という言葉にひどく惹かれた。確かに、大学で商用の酒蔵が稼働した例はなく、「大学の酒」は3大学統合のシンボルになるに違いない。

奥田はさっそくその話を大学に持ち帰って酒蔵誘致の検討に入った。このとき、大学が抱えていた大きな課題解決につながるのではないか、と奥田は思いをめぐらせていた。

大学の用地を生かす

奥田が学長に就任する前年の2015年、文部科学省は全国の国立大学法人に資産の有効活用を求める通知を出し、経営状況の改善を促していた。その5年前から、会計検査院が国立大学法人の資産調査に乗り出している。国の直営から切り放された各地の国立大学法人に、緊迫の度が高まっていた。

「無駄な土地は取り上げるぞといわんばかりの空気がありました」と奥田は言う。なるほど、帯広畜産大学は東京ドーム41個分の広さのキャンパスを持ち、よく引き合いに出される北海道大学の札幌キャンパス（札幌市）の東京ドーム38個分を頭一つ抜きん出ていたが、学生数は北海道大学の10分の1に満たない。土地の有効活用は喫緊の課題だった。

そこで、2017年に「キャンパスマスタープラン」を策定。そのなかで、大学敷地内の古びた教員住宅を取り壊し、産学連携のための企業集積エリアに衣替えする計画を立てた。だが、更地にしてみたものの、肝心の跡地利用の具体策は進まないでいた。

そこへ舞い込んだのが、塚原の酒蔵構想だったのだ。

発酵ヴィレッジ構想を再び

帯広畜産大学がキャンパス内への酒蔵誘致に魅力を感じたのは、実は、もう一つの秘められた理由があった。時計の針を2011年に戻そう。当時の学長だった長澤秀行（任期2008〜15年、22年再任〜現学長）の下で非公式に検討されたプランがあった。

プランの提案者は、有用微生物の担当教授で、翌12年に産学官連携担当の副学長を務めることになる小田有二。学内に向けてこんなメッセージを発していた。

「農学の基本はすべて発酵学に通じます。有用微生物が発酵を促して、大豆から味噌・醤油、小麦からパン、牛乳からチーズ、野菜から漬物、と生み出される発酵食品の例は数限りない。食品以外にも、牛のフンを発酵させると土に良い肥料になる。畑の草わらを巨大なビニール袋に包んで内部の温度を上昇させると、草に潜む乳酸菌が発酵し、滋味豊かなえさになる。こうした発酵学の研究拠点をつくりたいんです」

学内では、ひそかにこのプランを「発酵ヴィレッジ構想」と呼ぶことにした。何より、その裏付けとなる実績が生まれつつあった。

十勝地方に咲くエゾヤマザクラからパン酵母を取り出すことに成功した研究実績がきっかけで、産学連携に乗り出したのだ。

学長の長澤は12年、大手パンメーカー「敷島製パン」社長の盛田淳夫と包括連携協定を結ぶ。そしてキャンパス内に「とかち夢パン工房」をつくり、プロ仕様のオーブンや「ホイロ」と呼ばれる大型発酵機を導入した。敷島製パンの社員には大学院へ入学してもらい、工房を使った実地の研究成果を会社にフィードバックする仕組みをつくった。これまでに特許出願は11件に上る。

商品開発も進んだ。敷島製パンが特許を持つ「湯種製法（超熟製法）」を応用し、もっちりとした食感を味わえる大学のオリジナル商品「畜大パン」（14年）や、共同研究によって取得した「ゆめちから乳酸菌®」を使ってマイルドな酸味としっとりした食感のイタリア伝統の菓子パン「パネトーネ」（18年）をそれぞれ発表している。

長澤たちは、パン酵母の発見に端を発した共同研究事業を弾みに、一気に発酵学の拠点づくりに乗り出そうともくろんだ。活用できる助成制度を調べ上げた結果、経済産業省の「地域イノベーション補助事業」の申請に動いたという。だが、機はまだ熟しておらず、あえなく発酵ヴィレッジ構想はお蔵入りしてしまう。

ところが、この封印された構想が、酒蔵をめぐる国との折衝で再浮上することになる。

文科省との折衝

酒蔵建設のハードル

国立大学の経営が国の直営から国立大学法人に代わっても、足元の用地はあくまでも国有地。そこに酒蔵のような民間工場を建てるとなると、手続きは容易ではない。

例えば、国立大学病院の駐車場や勤務スタッフの保育所を民間委託するケースなら、大学にとって必要不可欠だからハードルは低いが、酒蔵はその対象にはなりそうにない。東京大学が都内の用地で大手不動産とマンション経営に乗り出した例がある。これは国立大学法人法第34条の「文科大臣の認可」。教育研究とは関係なく民間の用地利用を認めるものだが、大臣のＯＫがいつ出るのか目算が付かない難点があった。

酒蔵建設固有の不安材料もあった。商用の酒蔵をキャンパス内に造った例はなく、未成年者の学生も多くいるだけに異論が出る懸念がある。

帯広畜産大は、あくまでも酒蔵を研究教育施設と位置付け、民間に運営を任せるという構想を描き、文科省との折衝に臨むことにした。

切り札——杜氏を生み出した大学

文科省との折衝に当たった帯広畜産大学は、「農学の基礎は、発酵学にあります」と話をひもといた。大学では「応用微生物学」で発酵学を教えており、有用微生物である麹と乳酸菌はパンやチーズばかりか、酒を造り出す根本にある、と説明した。続いて、長年温めてきた発酵ヴィレッジ構想を打ち明けた。すでに敷島製パンのパン工房が学内の教育研究施設として稼働しており、酒蔵建設が成功すれば、帯広畜産大学は発酵食品を生み出す開発拠点の集積地になる。そして、大学側はもう一つのカードを切った。

「発酵学を学べる本学から、道内の杜氏が次々と誕生しています」

それは、旭川市にある酒造会社「男山」の北村秀文と「高砂酒造」の森本良久、そして増毛町にある「国稀酒造」の東谷浩樹(現箱館醸蔵)たちだった。当時、上川大雪酒造を除く11の酒蔵の約3分の1の杜氏を帯広畜産大学が輩出していたのだ。

酒蔵建設は、大学の収益につながる単なる企業誘致レベルを超え、酒造りという伝統産業の教育研究機能を持ち、やがて類いまれな国立大学の杜氏養成所になる——。

文科省は大学側に異論をはさむことはなかったという。折衝はこうして速やかに決着し、上川大雪酒造は再び酒蔵建設に挑むことになったのだ。

酒蔵革命

発酵ヴィレッジを描く

上川町の緑丘蔵に続き、酒蔵設計を託された設計士の大島は、発酵ヴィレッジ構想を知って「これは面白い」と触手が動き、酒蔵一帯の図面を描いてみることにした。

2019年2月に作成したイメージ図がある。酒蔵を中心に、研究ラボや会議室など教育研究機関の要素を中核に据えている。パンやチーズの各工房があり、ショップとレストランも設置され、発酵食品の開発エリアになっている。「研究教育施設」いう命題を与えられていた大島は、研究とものづくりの融合を目指したという。

イメージ図は、大学当局が計画した「キャンパスマスタープラン」に影響されたところが大きい。これによって広大な敷地は「教職員エリア」「研究エリア」「農場エリア」「獣医検疫エリア」などに整備され、回遊性をもたせるためコリドーと呼ばれる並木道が走り、緑豊かな帯広の自然に溶け込んだキャンパスのたたずまいになっている。

この風景にふさわしい酒蔵を造りたい——大島の思いは高ぶっていた。

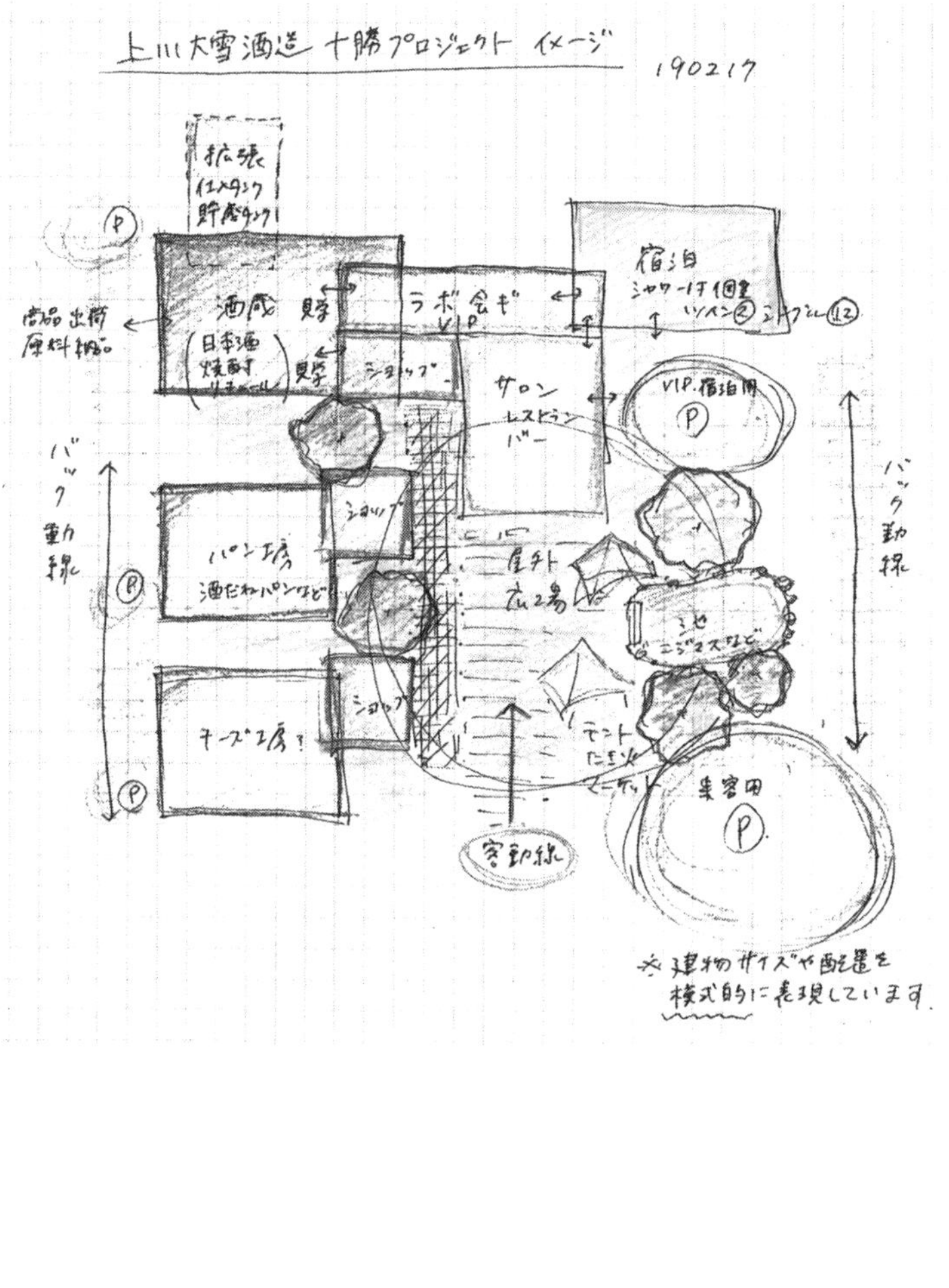
上川大雪酒造 十勝プロジェクト イメージ
190217
拡張
仕込タンク
貯蔵タンク
P
製品出荷
原料搬入
酒蔵
日本酒
焼酎
見学
見学
ラボ 会ギ
宿泊
シャワー付個室
ツイン②
ショップ
サロン
レストラン
バー
VIP.宿泊用
P
バック動線
ショップ
パン工房
酒だねパンなど
P
屋外広場
バック動線
ショップ
チーズ工房?
P
テント
マーケット
集客用
P
客動線
※建物サイズや配置を
模式的に表現しています.

フラットな蔵――タンクを地中に埋める

そんな大島を悩ませる課題があった。

北海道では冬場になると土中の水が凍結して膨張し、地面が盛り上がってしまう。このため、建物を支える基礎部分を地中深くに設置して安定させるよう「凍結深度」なるものが定められている。上川町なら地面から80センチ、帯広はさらに厳しく100センチだ。深い分だけ土を掘り返し、大量のコンクリートを流し込むから、余分なコストがかかってしまう。設計士泣かせなのだ。しばし思案した大島に、逆転の発想が浮かんだ。

「100センチも地中を掘るなら、いっそのこと、仕込みタンクを埋めてしまおう。タンクの位置が低くなり、作業をしやすくなるに違いない」

実際、タンクの下部130センチ分を地中に埋める設計にすると、タンクのてっぺんは1階の床から90センチ上の高さにくる。ちょうど腰の辺りだ。この位置なら、重い酒米を両手に抱えて運んで来ても、そのままタンクに投入できる。床からはしごを上ったり、両手で高く持ち上げたりして酒米を流し込む苦労がなくなるはずだ。

このフラット方式は、大島が得意とする酒蔵の「見える化」にも好影響を与えている。酒蔵1階の中央にガラス張りの見学室を設け、周囲を見渡すと、最初の酒米の仕込み

No.1
2,17
2020年5月23

から酒の瓶詰めまで、製造工程を連続して見ることができる「水族館方式」を採用した。緑丘蔵のように周囲の窓から作業風景をのぞき込む「旭山動物園方式」とは真逆の発想だ。
キャンパス内の酒蔵だけに、学生をはじめ見学者が多く訪れることを想定した。実際、見学室からのぞくと、タンクの仕込みの様子がちょうど見学者の目線の先に来る。これは見やすい。
大島は、杜氏の川端慎治に向かって「1階の床からタンクを地中に埋めたら、足場とタンクがフラットな位置関係になります。これなら蔵人《くらびと》も楽になるはずですし、見学室からも丸見えです」と喜々として持ちかけた。すると、川端は目を見開いて言った。
「それ、いいじゃないか！」

女性が働きやすい蔵

大島は、緑丘蔵の持つ小仕込みの良さをそのまま生かしつつ、さらにフラットな構造にして動線の改善を目指した。その狙いは、帯広畜産大学の半数以上を占める女子学生でも醸造作業に参加できるよう、作業しやすい蔵にすることだった。では、その使い勝手はどうなのか。副杜氏・山根桃華の話を聞こう。

「緑丘蔵と同様にタンクが小さく、仕込みの量が小さいので負荷が少ないんです。フラット構造で足場が安定しているので、櫂《かい》入れ（長い棒でタンク内をかき回すこと）のような力のいる作業でも女性が安心してこなすことができます」

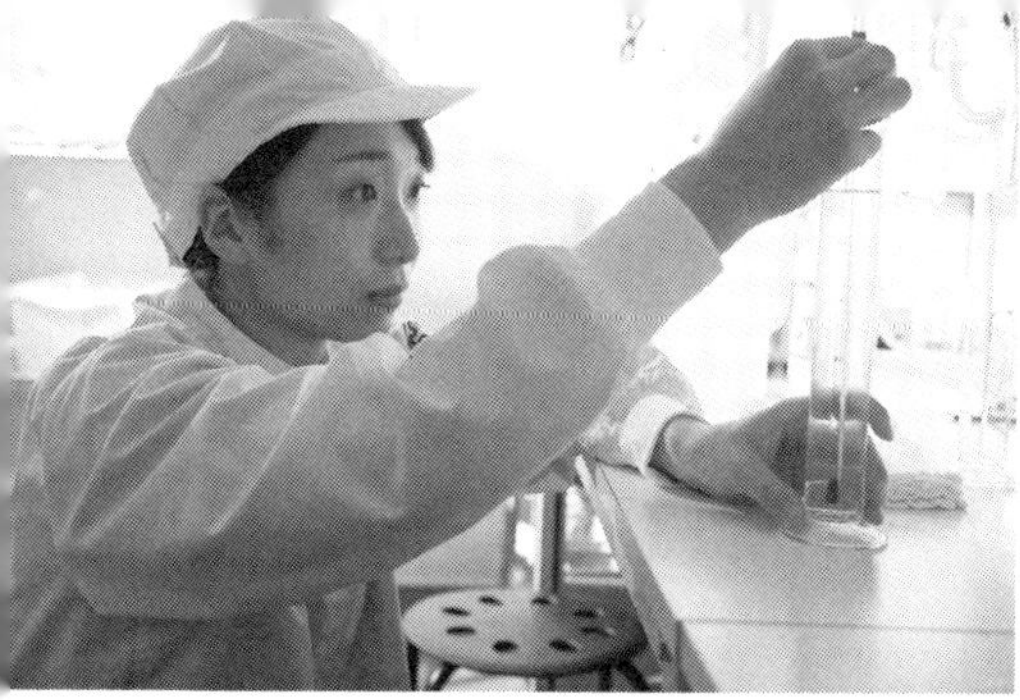

山根桃華

1992年北海道生まれ。北海道大学大学院修士課程修了後、化学メーカーに就職し、愛知で3年ほど勤める。2020年5月に上川大雪酒造に入る。21年4月に帯広畜産大学博士後期課程に入学、職人と研究者の「二足のわらじ」を履く。

福井にある吉田酒造の杜氏・吉田真子も完成した帯広畜産大学の酒蔵を訪れ、その構造に驚いた一人だ。

「コの字形に作業室が配置され、それを見渡せる位置に見学室を置いて全部を見せてしまう。これが大島さんの設計のすごいところです。仕込み中に作業場へ見学者が入って邪魔されることもありませんからね。蔵のなかは階段の上り下りも少なくて楽。コメ一袋で30キロありますから。この酒蔵なら、女性の働き手も多いはずです」

場合によっては重いものを持ち上げるケースもある。川端は一計を案じ、足で踏むと暖気樽《だきだる》（沸かした湯を詰めたステンレス製の樽）を持ち上げてくれるポンプ式の「リフトテーブル」を導入した。すると、華奢な女性一人でも作業がこなせるようになった。山根が言う。

「酒造会社によっては、機械の助けなく自力でやるように言われるところもあると思いますが、川端さんは配慮してくれました」

この装置は好評で、吉田は「もしかしたら、買うかもしれないから、品番を教えて」と山根に尋ねてきたという。

このほかにも、重い蒸し米をクレーンで運べるよう大島が工夫し、省力化を進めた。大島が振り返る。

「帯広畜産大学に酒蔵がオープンしたところ、川端さん以外はみんな女性でした。お酒を造ったことのない方々ばかり。そういう方でも酒蔵で仕事ができるところまで蔵が進化できたのではないか、という印象を持っています」

酒蔵は研究教育拠点

3年後の快挙

帯広畜産大学のキャンパス内に、人目をひくモダンな酒蔵が完成したのは、2020年5月。上川町の緑丘蔵建設からわずか3年しかたっていない。大学構内に試験醸造設備を設けるケースはあるものの、商用の酒蔵建設は全国初の快挙だった。

上川大雪酒造は、大学に酒蔵を建設するために再び酒造免許を取得する必要があった。今度ばかりは本州から酒蔵を移転させる余裕はない。そこで、緑丘蔵を本工場とし、帯広市に第2工場を設置するというよく使われる方法を採ることにした。それでも、これほどのスピード感を持って二つ目の酒蔵を建てたことに酒造業界は衝撃を受けた。

運営会社として新会社「十勝緑丘」を立ち上げて塚原が社長に就任。上川大雪酒造のグループ会社が出資したほか、北海道コカ・コーラボトリングや酒蔵誘致を提案した加藤の会社も出資に参加した。

新たな酒蔵は、帯広畜産大学の学生寮にちなんで「碧雲蔵」と名付けられた。キャン

パスの地下には、国土交通省選定の「清流日本一」に輝いた札内川水系の天然水が流れており、これをくみ上げ、仕込みに使う。原材料にこだわる上川大雪酒造らしく、後に発表した特別純米酒が「―北海道米でつくる―日本酒アワード２０２２」のグランプリに輝き、日本酒ファンをしびれさせた。

さらに注目を集めたのが、クラウドファンディング「マクアケ」（Ｍａｋｕａｋｅ）だ。支援を呼びかけると、わずか52日間に２８１０人から計２９６６万７４００円の支援金が集まり、酒類分野で過去最高額を記録。上川大雪酒造の名は全国に再び知れ渡ることになる。

反響は大きく、酒蔵完成から半年間で、一般企業、自治体、大学、経済団体の視察団は１００件を突破。塚原や川端が手分けしてさばいても間に合わないほどだった。

視察団はいずれも、上川町との「官民連携」に成功した酒造会社の次なる一手に注目した。国立大学との「産学連携」に可能性を見いだし、塚原らしいオリジナルの発想に基づく地方創生の手法に、強烈な関心を抱いてやって来たのだ。

学者杜氏の誕生

上川大雪酒造は、「教育研究施設」と位置付けられた酒蔵の役割を果たすため、酒造りにとどまらず、徹底して大学教育にコミットした。それはもう、酒造会社のなせる領域をはるかに超えていた。

コロナ禍の2020年7月。大学の講義室にひときわ張りのある低い声が響いた。畜産学部3年生の必修科目「応用微生物学」の一コマ「清酒の製造と微生物」のオンライン授業だ。酒造りは伝統的な発酵文化の賜物で、なかでも麹造りがいかに大切なのか、言葉は熱を帯びていく。

「手づくりだと、機械よりも温度管理が大変で、手間がかかります。でも、手は敏感なので、温度以外にもいろんな情報が入ってくる。細かな差が発酵には影響しますから、データ分析だけではできない微調整が、手づくりだと可能になるんです」

講師は、客員教授に就任した川端。国立大学初の杜氏教授の誕生だ。

講義は、北海道の酒造好適米と醸造プロセスをそれぞれ図示しながら進んでいく。合間に、日本地図を示して「十勝地方と同じ面積の岐阜県には42蔵あるのに、道内には13蔵しかない」と話す。道産酒の道内消費量が40年前の40％から今や半減し、道外酒が優

位だと解説を加えていく。
酒の定義もポイントだ。「清酒」は単に米・米麹・水を発酵したものを指すが、「日本酒」は厳密。国産の米と米麹を使い、国内製造品に限って国の地理的表示（GI）制度に基づいて「日本酒」と品目表示できる。日本酒が輸出産業の担い手たるゆえんである。
川端が、心を砕いたポイントがある。授業中に酒の印象を尋ねると、学生たちは決まって「からだに悪い」と答えたという。これには杜氏としてショックを受けた。適度に飲めばからだに負担は少なく、むしろリラックスした気持ちになって、食生活を豊かにするはずだ。かけがえのない日本固有の発酵文化を絶やしたくない思いもある。そこで、酒造りをあらゆる側面から丁寧に教授しようと考えた。
何よりも、微生物が働き、発酵する過程のリアルさを感じてほしかった。そんな思いから、川端の講義は、畜産学部食品科学ユニットを担当する准教授・菅原雅之らとコラボし、碧雲蔵の見学とパッケージになっている。見学は少人数制で、作業工程を丁寧にみてもらう。川端によると、学生たちは日本酒の香りに驚き、発酵の様子や麹の味に敏感に反応してくれるそうだ。

人材育成――学生が醸す「畜大酒」

碧雲蔵の完成から1年余りがたった2021年9月。記念すべき日本酒が誕生した。仕込みから瓶詰めに至るまで、すべての製造工程に学生が携わる「学生の酒造りプロジェクト」から生まれた帯広畜産大学のオリジナル日本酒「純米吟醸 碧雲」だ。製造量は四合瓶(720ミリリットル)で1800本。大学の略称から「畜大酒」と呼ばれるようになった。

このプロジェクトに参加したのは、「酒造りに興味があります」と手を挙げた畜産学部畜産科学課程4年の高山美月と酒井駿太朗。インターンシップ制度に基づき、川端や山根の指導を受けながら酒造りを体験する。卒業研究や職業意識の醸成を狙ったという。

仕込みが始まったのは同年5月13日。2人は、洗米から蒸し、麹造り、酒母造りと一つ一つの工程を体験。5月31日には、仕込みタンクに最後の蒸し米230キロ余りを少しずつ投入して水を加えるという最後の仕込みの工程「留《とめ》仕込み」を行った。

この間、2人はおぼつかない様子で大きな甑《こしき》(米の蒸し器)から専用スコップで蒸し米をかき出したり、仕込みタンクの中を、櫂棒を使って無我夢中でかき回したりして苦労したという。高山は「ようやく慣れてきたと思ったら、仕込み作業が終わっていました」

と密着取材する報道陣に向かって苦笑した。

9月。製品化の仕上げとなるラベル貼りと箱詰めが行われ、報道陣に公開された。酒井は、作業工程が変わるたびに酒米の見た目や香りが変化し、「その様子を一部始終体験することができた」と満足気に話した。

川端はその言葉に手ごたえを感じた。酵母が生きているリアルな様子は、座学だけでは分からない。醸造工程を体感することにまさる教育はないのだ。

「畜大酒」は学内の生活協同組合のショップで販売され、売上金の一部は大学の教育研究費に充当された。何よりも味わいの良さが評判になり、高山は「素人なので味を心配したけれど、ちゃんとしたお酒になりました」と望外の喜びに浸っていた。

このプロジェクトは毎年継続中で、23年秋に完成した酒には女子寮の名にちなんで「特別純米　萠《ほう》宥《ゆう》」と命名した。ラベルのデザインも学生が担当し、酒造りに付加価値を生み出す取り組みが実践的に行われている。

共同研究――新たな乳酸菌発見

畜産学部食品科学ユニットを担当する菅原は川端とコラボし、酒蔵で起きている微生物の働きについて幅広い研究を進めている。

この菅原の指導の下、副杜氏の山根は2023年、博士論文に取り組んだ。研究テーマは「碧雲蔵での生酛《きもと》系酒母由来乳酸菌とその酒質への影響の解明」。山根に説明してもらおう。

「酒母造りは、アルコール発酵を担う清酒酵母を増やす過程です。他の雑菌の繁殖を防ぐために酸性環境を作る必要があり、その酸の由来で大きく二つに分類されます。市販の乳酸を添加する速醸酛系と、自然の乳酸菌を取り込んで増やし、乳酸菌が作り出す乳酸を利用する生酛系。後者は管理が難しく、前者の2倍の1カ月かかりますが、酒蔵ごとに乳酸菌の種類が異なることでお酒に個性が生まれます。今、碧雲蔵内の生酛系酒母をサンプリングして分析を続けています」

菅原は、この研究の狙いを次のように説明する。

「酵母に働きかける乳酸菌の種類によってできあがる日本酒の味が決まるんです。碧雲蔵で醸造された生酛系酒母の中に生息する微生物の調査を行ったところ、新しい酒蔵だけにこれまで知られてきた日本酒醸造向きの微生物とは異なる乳酸菌が多く、種類も多様で驚きました。酒蔵に居着く天然の乳酸菌を使った生酛系で本学オリジナルの日本酒を生み出したいですね」

22年、大学側と上川大雪酒造の連携成果を発表する場があった。この際、山根は前述した乳酸菌の研究成果を発表。このほかに2人の学生から酵母と酒米について報告があった。

このうち酒米の研究では、碧雲蔵で使用している道産米の性質を調べ、アミロースやアミロペクチンといったでんぷんの組成構造と、酒を造るときに米が溶けやすいかどうかの分析結果を発表した。醸造作業において、あらかじめ米の溶けやすさが分かれば、配合を変えたりすることができるため、安定した酒造りができる。まだまだ研究の途上だが、酒造りにとって有益な実学研究である。

このほかにも、畜産学部の家畜生産科学ユニットでは、日本酒の副産物として出る酒粕を牛の飼料に再利用する研究も進んでいる。すでに周辺の畜産農家に飼料用として提供が進んでおり、今後、肉質の評価次第では、新たなブランド牛も期待できるという。

コラム●小樽商大の「上川大雪酒造ゼミ」

上川大雪酒造は小樽商科大学との連携も強めている。

2021年4月、上川大雪酒造の親会社「緑丘工房」（札幌市）と同大学が包括連携協定を結び、「上川大雪酒造ゼミ」をスタート。

同大特認教授に就任した塚原をはじめ緑丘工房の役員たちが講師役になり、月1回のペースで12月まで計7回開催した。

販売や資金繰りなど実際の企業活動について講義を行ったほか、取締役会を学生に公開するという徹底したリアルさにこだわり、ビジネスを実地に学ぶ構成にした。

包括連携協定は、22年4月の3大学経営統合を支援する目的で結ばれた。

同年6月には小樽商科大学3年生16人が帯広畜産大学内の碧雲蔵を訪問。川端から日本酒のマーケティングをテーマに講義を受けたほか、酒蔵見学も体験するなど実践的な交流が続いている。

〝オール十勝〟へのこだわり

十勝産酒米で仕込む

碧雲蔵ができてから2年半がすぎた2022年12月。十勝の酒蔵で十勝産の酒米を地元の水で仕込んだ「オール十勝」の日本酒ができあがった。仕込んだのは、川端に代わって21年から碧雲蔵の杜氏を務める若山健一郎だ。

「帯広市のお隣、音更町の白木祐一さんが栽培してくれた『彗星』を使いました。少しドライで、きれいなお酒。柔らかく余韻が残るイメージで造りました」

十勝産の酒米は希少性が高く、かけがえのないものだった。多く

若山健一郎

1971年福岡県生まれ。酔鯨酒造（高知）や竹鶴酒造（広島）などを経て、フランスに赴き酒蔵立ち上げに参加。2020年、碧雲蔵に移った。「酒造りの本質は、造り手がその土地を深く見つめること。土地の風土に寄り添い、これまで身に付けた経験や技術を酒造りに生かせば、その土地の味わいが生まれる」が持論。

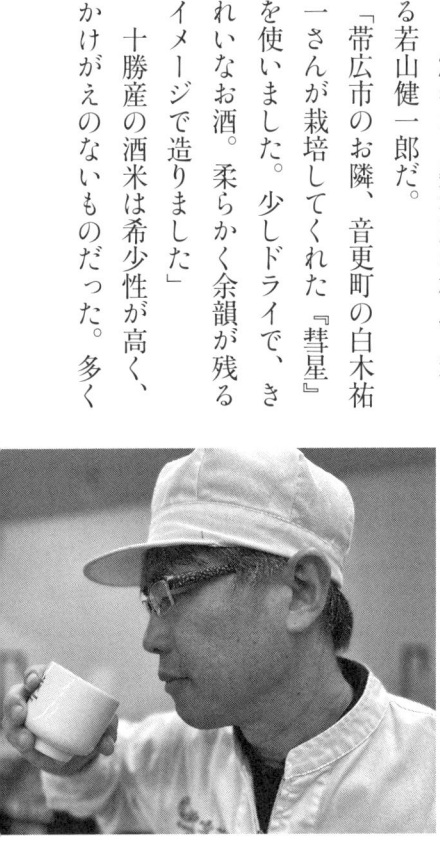

の農家が小麦・豆・ジャガイモ・テンサイの4大穀物にシフトし、稲作生産量は道内にある全11ブロックのなかで一番少ない。酒米農家に至っては事実上、白木一軒のみだった。

碧雲蔵では当初から、上川町の緑丘蔵と取引のある道内の酒米でまかなっていたが、「十勝の地酒」をうたう以上、原材料の地元調達は悲願だった。ただし、ある事情から、しばらく白木のコメを使うことはかなわないでいた。

とかち酒文化再現プロジェクト

「ようやく最後のピースがはまったと感じました」

帯広信用金庫の理事長だった増田正二は、「オール十勝」の酒を誰よりも心待ちにしていた。十勝から酒蔵がなくなってすでに40年以上。幻の「地酒」を復活させようと「とかち酒文化再現プロジェクト」を立ち上げたのが、この増田だった。

「十勝の強みは基幹産業である農業。でも、大型の耕具を使って大量のジャガイモやテンサイを収穫し、1次産品としてそのまま卸す。これでは原料の供給基地に留まってしまい、販売単価は一向に上がらない。そこで、農業の6次化などに取り組んで域内の付加価値生産額を上げれば、経済活性化に伴って地元に若者が残ってくれるな

どして、十勝の自立的発展がかなうかもしれないと考えたのです」

増田は理事長時代、道外の会合に出るたびに、決まって地酒のもてなしを受けた。その魅力に惹かれ、2010年、地酒復活プロジェクトを提案したところ、当時学長だった長澤秀行率いる帯広畜産大学と地元農協が二つ返事で参加を決めた。さらに地元自治体・酒販組合・商工会議所・道の出先機関が次々と呼びかけに応じ、わずか1週間でキックオフミーティングにこぎつけた。

酒米農家は、地元農協から音更町の白木を紹介してもらった。当初、「酒米を栽培する自信がない」と弱気だったという。

増田には、その気持ちが痛いほど分かった。十勝地方の新得町に生まれた増田は、故郷を彩る往時の水田風景を覚えていた。その後、畑作転換を迫られて稲作農家は激減。しかし、時は流れ、品種改良ははるかに進み、十勝地方でも米栽培は十分可能になっていた。

白木には「どのみち自然相手ですから。ダメなら来年また挑戦しましょう」と誘うと、快く引き受けてくれた。栽培した酒米「彗星」は見事に実り、委託醸造を引き受けた小樽市の酒造会社「田中酒造」に託され、地酒造りの一歩を踏み出した。できあがった酒は「十勝晴れ」と命名した。2012年のことだ。

異例の〝銘柄引き渡し〟

地元農家の酒米作りは成功したものの、地酒プロジェクトには課題が一つだけ残った。小酒蔵だった。委託醸造だと、酒米と大量の仕込み水を十勝から200キロ以上離れた小樽まで輸送し、できた酒をまた十勝に戻さなければならず、そのコストが大きな負担だった。

それに、プロジェクトの目的は農業の付加価値化にあり、酒造りにつながる関連産業を十勝地方に育てるところに狙いがあった。どうしても、十勝に酒蔵がほしかった。

上川大雪酒造の酒蔵が立ち上がり、委託を見直す時が迫っていた。増田は、碧雲蔵ができた後も恩義のある田中酒造とプロ

ジェクトを2年間続けた末に小樽に出向いた。

増田によると、田中酒造の社長の出迎えを受けた増田は、これまでの恩に感謝の思いを伝えたうえで、地酒プロジェクトの事情を説明し、頭を下げた。すると社長はこう言ったという。

「十勝晴れ、お渡しします。今回の引き渡しを、好事例として後世に残したいですね」

その言葉に、増田は救われる思いがした。こうした英断の末、一点の曇りもないオール十勝の新生「十勝晴れ」は誕生したのだ。

〝オール畜大〟の酒を夢見て

帯広畜産大学では現在、大学を整備して水田をつくろうという構想を温めている。

きっかけは、十勝で唯一の酒米農家だった白木が2022年に引退し、「十勝晴れ」の原料米の確保が課題に浮上したことだった。

水田構想を主導したのは、学長の長澤だ。

「それならいっそのこと、大学内で酒米を栽培したらどうかと提案したんです。それがかなえば、いつの日か、畜大で栽培した酒米と構内でくみ上げた天然水を使い、キャンパス内の碧雲蔵で畜大出身の蔵人が仕込んだ酒が造れるのではないか、と」

長澤は〝オール畜大〟をうたうのが目的ではないと言う。目的はあくまで教育にある。学生たちが酒造りの原点である米を知ることが、「ファーム・トゥー・テーブル」（農場から食卓まで）を実現できる人材育成につながると考えるからだ。

「昔は、泥だらけになって苗を植えていたもんです。でも、今では田植えの経験もなければ、鎌を握ると危ないからって稲刈りの経験もない。そんな学生が多いんです。でも、原点を知ると知らないとでは、農学を学ぶ者として、人の幅が大きく違ってくる」

とはいえ、実現するのはたやすくない。十勝地方の土はすき間が多く、軽い「黒ボク土」。一般には稲作に向かないといわれる。

それこそ、帯広畜産大学が集積してきた知見の出番だろう。この土壌問題を解決した暁には、「オール畜大の畜大酒」がお目見えしているかもしれない。

北海道産酒米の秘密

「原料以上の酒は造れない。ここには最高の原料がある」

と総杜氏・川端慎治は言う。

高品質の日本酒を造り出す秘密は
北海道が生み出した三つの酒米にある。

その開発秘話と酒米農家の秘められた栽培法を追う。

酒米農家の思いに魅せられて

30人の勉強会

２０２３年1月30日。帯広地方は最低気温マイナス22度と記録的な寒さに見舞われていた。

この日は、上川大雪酒造にとって年に1度の生産者交流会だ。帯広畜産大学のキャンパス内に建つ酒蔵「碧雲蔵」に設けられたセミナールームは、詰めかけた参加者で立《りっ》すいの余地もない。外の寒さをよそに、会場は熱気に沸き返っていた。

参加者は、道内の酒米農家や農協関係者たち約30人を数えた。その地元をみると、緑丘蔵のある道北エリアからは愛別町と名寄市。道央エリアは北から順に雨竜町・新十津川町・砂川市・当別町・南幌町・新ひだか町。道南エリアは函館市といった具合で、最北の名寄と最南の函館の距離は実に５００キロを超える。

これほど広範囲なエリアから生産者が一堂に会する交流会も珍しい。上川大雪酒造の契約農家が研究熱心といわれるゆえんだ。

前半は、講習会。北海道の上川農業改良普及センターの指導員が、「胴割粒《どうわれりゅう》」について説明を始めた。

酒米は食用米とでんぷん構造が異なり、米粒の中心部に隙間の多い「心白《しんぱく》」という組織が形成される。ここに麹菌が入り込み、根を張って繁殖すると、でんぷんが糖に分解されやすく、アルコール発酵がスムーズに進む。もし、コメに亀裂が入る「胴割れ」が生じると精米時に砕けて心白が壊れ、米の吸水をコントロールできない。酒米にとってまさに命取りになる。原因は高温障害にあるようだ。

指導員が注意を促す。

「穂が出てから10日間は、最高気温が高いほど胴割粒は発生しやすい。圃場《ほじょう》（水田）に用水を掛け流したり、圃場が乾燥しないよう落水日を遅らせたりして対策してください」

会場の正面スクリーンには、酒造りに適した北海道の酒造好適米である「吟風《ぎんぷう》」「彗星《すいせい》」「きたしずく」の栽培農家9軒の実績一覧が映し出された。

見ると、用水を掛け流して稲を冷やしている農家は、半数にとどまっていた。また、稲刈りに備えて水田の水を抜いて稲や土を乾かす「落水」の実施日をみると、前年実績で、8月20日から8月31日まで農家によってばらつきがあった。落水のタイミングを間違えると胴割れが起きる。参加者はうなずきながら、熱心にメモを取っていた。

もう一人の講師、北海道立総合研究機構の中央農業試験場の担当者は、興味深い研究成果を明かしてくれた。

「従来よりも収量が多く、タンパク質の少ない新品種の育成を進めています」

現在の酒米3品種に比べて生産性が高く、酒米の質を決定づける低タンパク質な酒米品種が新たに加わるかもしれない――。会場から、どよめきが上がった。

熱い語らい

講習会が終わると、後半は待ちに待った懇親会だ。

一行は宿泊先の十勝川温泉（音更町）に移動して温泉につかり、浴衣に着替えてくつろぐはずだったが、様子は違った。畳の大広間で催された夕げのひとときも、その後、寝室に場所を移しても、参加者たちは延々と深夜まで酒米の話を続けているのだ。

これには事情がある。

酒米農家は、ひとたび栽培のシーズンを迎えると、地元を長く留守にすることはできなくなり、広大な北海道で農家同士が行き来するのは難しい。シーズンが終わり、酒米作りに悪戦苦闘する戦友同士が胸襟を開いて語りあえるこの懇親会こそ、まれに見る情報交換の場なのだ。

夕げのあるテーブルでは、酒米の種子が足りなくなるのではないかと話題になっていた。

「前の年の種子を使うことになるかもしれんな」

「おれは、古い種子でも芽を出したことがあるぞ」

別のテーブルでは、2人が熱心に語り合っている。

一人は、新ひだか町静内地区でブランド食用米「万馬券」を開発したことで知られる70代のベテラン農家・日蔭《ひかげ》由昭だ。仲間と組合をつくり、酒米の品質を保つため自前の精米施設も設け、質の良い低タンパク質の「彗星」を作っている。もう一人は30代の日向《ひなた》由友。函館市内の耕作放棄地を一人でコツコツと水田へとよみがえらせ、良質な酒米が評判を呼んでいる。

年の離れた若い日向に向かい、「一人じゃダメだぞ。組合をつくれ。仲間を増やすんだ」と大きな声で励ます日蔭。その言葉に、日向が深くうなずいている。

「この光景がたまらなくいとおしいんです」と総杜氏の川端慎治は言う。

「自分で造った酒がどんな賞を取った瞬間よりも、この酒米農家の熱い意見交換の様子の方が、よっぽど感動するんです」

懇親会に参加した碧雲蔵の副杜氏・山根桃華も心震えた一人だ。

「熱心に話してくださる方がいました。『生産者のことを気にかけてくれて、ありがとう』って、本当にうれしそうで。総杜氏が交流会を立ち上げたり、生産者の現場に出向いたりして、酒米の品質を向上させようと一緒に取り組んでいるからなんだと実感しました」


さらに別のテーブルでは、道産酒米の最新品種「きたしずく」が話題に上がった。

「だまされちゃうよな、あの稲穂に」

「きたしずく」は実りの季節を迎えると、どの品種の稲穂よりも黄金色に染まり、重いこうべを垂れる。てっきり収穫期だと思い込んで刈り取ると、これが大変。もみの中の米粒はまだ青く、8割程度しか生育していないことがある。

「だから、もみを一粒むいてみて、中身をチェックするしかないね。『きたしずく』を育てるときのモットーは〝見た目にだまされるな〟だよ」

そんな経験談を、若い酒米農家たちに優しく語りかけている男性がいた。

研さんする酒米農家

先駆者――愛別・柴田「吟風」

語りかけていたのは、柴田隆。上川町に隣接する愛別町の農事組合法人「伏古《ふしこ》生産組合」のリーダーだ。

組合員は5人。米のほかに小麦、大豆、ジャガイモ、ハウス栽培の野菜を手がける。酒米の水田は2023年、前年比3割増の35ヘクタールまで広げた。上川大雪酒造が契約する最大の酒米生産者だ。田植えの時期には従事者が20人まで増えるという。

柴田には、北海道産の〝酒米発祥地〟としてのプライドがある。1998年、伏古生産組合と、南西に100キロほど離れた新十津川町のピンネ農業協同組合が相次いで「初雫《はつしずく》」の試験栽培に成功。道内初の酒米が誕生した。柴田が振り返る。

「かつて、愛別町に酒蔵があって、仕込みの季節には蔵に働きに出る農家もいた。それなら酒米も作って売り物にしようって。愛別町役場も農協も総出で田植えをしたんだ」

ただ、初雫には、「心白」がうまく形成されないという難点があった。

そこで柴田たちは、本格的な酒造好適米「吟風」が2000年に品種登録されると、早々と栽培に乗り出して売りにした。さらに「彗星」（06年）、「きたしずく」（14年）も登場するたびに挑戦。常に時代の先端を走り、いまや3種類の酒米を同時に手がける一大生産地に育てた。

川端とは、金滴酒造の杜氏時代に旭川市内の地酒イベントで意気投合した。将来、愛別の酒米を使ってもらいたいと願いながら、川端の退任によって思いは果たせないでいた。その後、上川町に緑丘蔵が誕生し、地元の酒米として白羽の矢が立つ。柴田は心底喜んだ。

ちなみに、柴田たちの栽培した「吟風」は、北海道外でも評価を受ける。福井県永平寺町の黒龍酒造もその品質を認め、「黒龍 吟風」を発表している。

そんな柴田でも、酒米栽培の気苦労は絶えない。地元・愛別町は、名寄市とともに酒米作りの北限に位置する。秋の到来は早い。気付いたら、雪がぱらつき始め、慌てて稲刈りをすることもあったという。冷害との闘いの連続だった。

「酒米は、稲の育て方が大変なんだ。稲の生育が遅れると、酒に雑味を生むタンパク質が増えてしまう。長年、苦労したんだよ」

植えた苗から葉が伸びて、稲穂の原型が現れる「幼穂形成期」が真夏の7月ごろに訪れる。このとき、土中から栄養を吸収し、ぐんぐんと成長する。そこで、少し手前のタイミングで水田からいったん水を抜いて土を乾かし、土中に空気を入れる。すると根が強くなり、土中の養分を吸って成長が進む。この水管理が非常に大事だ。

だが、愛別町は寒い。水を抜いたまま気温が上がらないと土中も冷えてしまう。そんなときは、逆に水を入れたまま水田を覆い、土を保温するそうだ。

「稲を見ながら、小まめに水管理をしないと。結構、冷や冷やしながらやってるんだ」

柴田が最も気を遣うのは苗作り。昔から「苗半作《なえはんさく》」といい、稲の良し悪しを決める。

「苗はハウス栽培。種をまいて30日くらいかけるんです。葉っぱが4枚ぐらいまで増えると、田植えができる。その前段階の3枚目の葉が半分くらい出たとき、つまり2・5枚になったころ合いを見計らって、室温の温度を25度以下になるようハウスの窓を開けて風を通したり、水で冷やしたりする。高温障害から守るためなんだ」

柴田の旺盛なチャレンジ精神を物語る逸話がある。「アイガモ農法」だ。農薬を減らすためにアイガモを水田に放ち、雑草を食べてもらう。

「食用米の水田で試したんだ。アイガモ１００羽を旭川空港まで空輸したんだが、客室の後ろの方に積んだから、さぞかし、うるさかっただろうね」

実際にアイガモを放つと、途中で逃げ出したり、キツネに襲われたりするため、ネットで水田を覆わないといけない。手間ばかりかかった。それでも無農薬は魅力的に映る。

「無農薬栽培をした青森の木村秋則さんの『奇跡のリンゴ』はすごいよね。東京でとびっきりの高値で取引されている。価値があるんだね」

それにしても、柴田はなぜ酒米にこだわるのか。

「酒米って、『精米歩合』といって60％とか50％とか削るでしょ。その違いだけでも酒の味が違う。いや、毎年同じ品種を作っても、酒にすると味は変わる。造り手の違いによっても『うちの米でこんな味になるんだ』と毎回驚く。だから、酒米はやめられんのよ」

柴田は「酒米を納めるだけの〝一方通行〟は面白くない」と言う。酒米農家と酒の造り手が一緒に知恵を凝らし合うから、面白くなる。上川大雪酒造の生産者交流会を誰よりも楽しみにしているのは、この柴田なのだ。

土にこだわる――南幌・清水「きたしずく」

再び、2023年1月の生産者交流会の夜に話を戻そう。

大広間の夕げが終わると、南幌町の清水友貴が「2次会、やろっか」と何人かに声をかけてから、自分の寝室に戻った。

すると、次々とドアをたたいて人が入ってくる。気付いたら、二人用の寝室に20人ほどがすし詰め状態になっていた。みんな話し足りなかったのだ。清水が言う。

「杜氏さんたちと一緒に飲みながら語れたのが良かった。直球の議論ができるからね」

寝室に、生産者別の酒が持ち込まれた。清水たちは宿の売店でつまみを買い込み、飲み比べが始まった。

「これ、うちの米で造ったやつ。飲んでみて」

自分の酒米がどんな味わいなのか、杜氏や生産者の声が聞ける、またとない機会だ。なかでも、新十津川町の高山裕將、雨竜町の植村裕希、函館市の日向由友といった若い世代は探求心旺盛で、清水と飲み明かした。

清水は二代続く酒米農家。父親の手がけた「彗星」から最新品種の「きたしずく」に切り替え、新たな挑戦を始めた。ただの二世ではない。

札幌市の中心から東へ約30キロ。清水の水田は、南幌町を流れる夕張川のそばにある。土壌は「強粘土質」。この地域でも一部にしか見られないという。清水が言う。

「強粘土の土地は、本当に固い。田植えの前に、『代《しろ》かき』といって、田んぼに水を入れてトラクターのロータリーを回して土を起こすんです。ロータリーに土がまとわり付いて、本当に重い。なかなか前に進まないし、ロータリーの刃もよく減るんです。ただ、代かきをやりすぎると、逆に土が締まりすぎる。ある程度、土に空気を入れてコロコロした感じを残すと、苗の根の張りがいい」

強粘土質の土壌では、ほかの作物は育ちにくい。でも、酒米とは相性がよく、好んで根を張っていくという。水田に水を入れたとき、粘土質のため、濁りも臭みも出にくい。これが、タンパク質を上げない南幌らしい土地なのだそうだ。

清水は肥料にも徹底してこだわる。過度に与えるとタンパク質が増え、酒に雑味を生むからだ。

「そこで低タンパクを狙って、やみくもに肥料を減らしたこともあった。でも、苗が細くなって、収量が落ちたんだよね。こりゃダメだと思い、原点に戻って、健全に苗を育てようと思ったんです」

清水はやがて、苗の初期成育の大切さに気付く。苗には一株につき3〜4本の茎がある。田植えをして育ち始めると、茎の根元から新しい茎が出る「分けつ」が起き、茎1本から5〜6本へと増える。この「分けつ」に照準を合わせ、それぞれの茎に栄養が分散するよう肥料を入れ、しかもいずれの茎もきちんと成育する最低限ギリギリのラインまで肥料を抑えてみた。すると、収量も確保でき、タンパク質も低くなったという。

「ただ、田んぼに肥料を入れるのはワンシーズンにつき一発勝負。肥料を入れすぎても、もう戻すわけにはいかない。真剣勝負なんです」

南幌の酒米作りは、清水の父・義雄たち3軒の農家が組合を作って2006年に始めた。義雄の時代から、南幌の酒米で日本酒を仕込んできた川端は言う。

「南幌の品質向上の努力はものすごかった。南幌の酒米と出会って、良い酒米と悪い酒米の差を思い知らされたんです。品質向上へのこだわりは友貴さんも一緒です」

清水の酒米用水田は1・4ヘクタール。収量は10アールあたり8俵（480キロ）だ。これ以上を目指すとタンパク質が上がる。量産よりも、収量を抑え、酒米の品質を確保する。それが清水のこだわりなのだ。

川端の戦友——砂川・高橋「彗星」

清水の父・義雄のように、上川大雪酒造の立ち上げ以前から、川端に酒米を提供してきたベテラン農家がいる。砂川市の高橋宏吉である。

川端が2014年に世に送り出した4文字シリーズ「砂川彗星」は、高橋が栽培した「彗星」を使ったヒット作となり、川端杜氏の名を道内に広めた金字塔となった。香りが高く、すっきりとした味わいで、川端自身「メロンのような品の良い香りになった」と高橋の酒米をたたえた。上川大雪酒造も「砂川彗星」を引き継ぎ、地域限定酒として地元から絶大な評価を受けている。

高橋は若いころ、自律神経のバランスを崩して胃潰瘍を患ったことがある。健康には人一倍気を遣う。「有機栽培もどきをやってきた」と語るように、減農薬に徹した。何よりも低タンパク質米の追求は止むことがなく、アミロースの数値をいつも意識する。

土づくりにも一家言ある。肥料として必要な窒素・リン酸・カリウムの3大要素とは別に「微量要素」を加えている。東北地方で採れる貝化石を粉にして田んぼに入れる。海のミネラルみたいなもので、30年続けてきたこの土づくりによって、高温障害を受けても収量は安定しているそうだ。

「胴割れ」しないよう、7月ごろの中干しもしないという。機械的に水田の水を抜いて乾燥させるのには異論がある。稲は人間と一緒で、水がほしいときもあるからだそうだ。

酒米を栽培するようになったのは、高校時代の1年先輩が経営する地元の酒店「入山小山商店」の勧め。川端の酒にほれ込み、後輩の酒米で地酒を造ってもらいたかった。賛同した高橋は「砂川彗星」の味わいに驚き、川端のために栽培を続けようと思いを募らせた。

ところが、15年に川端はあえなく金滴酒造を退く。道産酒米を醸し、魅力を発信した杜氏の退任は〝大事件〟だった。このままでは、高橋をはじめ、酒米に人生をかけた農家の思いは行き場所を失ってしまう。

道産酒米の火を消してはならない、なんとかしなくては——。そう思い詰め、動き出した男性がいた。

全国に広がった道産酒米秘話

酒米の流通を取り仕切るホクレンの室谷光紀だ。室谷は各地の酒蔵や酒販店を回り、日本酒の動向を探っていた。室谷が振り返る。

「当時は、本州や九州の小規模な酒蔵が品質の高いこだわりの日本酒を造るようになって、特約店契約した酒屋にしか卸さない商品が人気を呼んでいました。特約店になったまちの酒屋はおかげで息を吹き返しました。おいしい生酒を扱えるよう一定の投資を行って、生産者から冷やした状態で小売りまで流通させる〝コールドチェーン〟を築いたところ、品質を保持した日本酒が消費者に届くようになり、喝采を浴びたんです」

大都市圏の特約店を回っているうちに、室谷にある知恵が浮かんだという。

「もし、こうした特約店が扱う人気の酒造会社に、北海道の酒米を使ってもらえたらどうだろう。『北海道の酒米きたしずくを使った○○』みたいにラベルを貼ってもらえたら、道産米のPRになるんじゃないか」

それは、どん底に追い込まれたからこそ生まれた一発逆転のアイデアだった。

川端の〝退任事件〟を受け、室谷は北海道を飛び出し、九州にわたった。ここに、特約店のネットワークを使い、高品質の日本酒を全国に広めた酒蔵がある。「鍋島」で知られる佐賀県鹿島市の富久千代酒造だ。

アプローチした室谷は、蔵元杜氏の飯盛直喜から、仲の良い若手蔵元を集めた勉強会があるから講師役にどうか、と誘われた。室谷が言う。

「勉強会にお邪魔したら、杜氏のみなさん、ものすごく真剣で。講演の後、仕込み中の酒を持ち寄って、コップを何度も共洗いして飲み比べ、意見交換をしました。『北海道の酒米のこと、もっと教えて』『北海道の酒は今どうなってるの』とわたしは質問攻めにあいました」

室谷はこのとき、飯盛に「『きたしずく』はどうですか」と感想を聞いてみた。飯盛は室谷に「試しに使ってみますか」と言ったという。飯盛が振り返る。

「北の酒米は溶けにくいというイメージがあります。ただ、『きたしずく』には『雄町』が混ざっている。これは試してみたいと思ったんです」

そして室谷は2016年6月、飯盛らを北海道へ呼ぶ。北海道の杜氏たちと一緒に勉強会を開くためである。飯盛たちから道産米の魅力を感じ取ってほしい、と思いついたという。その飯盛に、鮮明な記憶がある。

「北海道には『而今《じこん》』の大西唯克さん（三重県名張市の木屋正酒造・蔵元杜氏）たちを誘って行きました。現地でご一緒した北村秀文さん（北海道旭川市「男山」杜氏）とは醸造試験場で一緒に学んだ仲で、会えて懐かしかった。それに、女性杜氏の市澤智子さん（現札幌市「日本清酒」）もいらして、後に、『きたしずく』で全国新酒鑑評会の金賞を受賞している。

北海道の杜氏のみなさんは本当に頑張っていると思いました」

そして飯盛には、往時の記憶がよみがえって来たという。

「1998年に発表した『鍋島』は最初なかなか売れなかったんです。新潟や東北の蔵元は東京の市場に向けて産地のイメージアップ活動を地道に続けていましたが、佐賀や九州の蔵元は努力不足でした。そこで2002年から全国に特約店づくりを始め、特約店さんの頑張りでブランド化を進めたんです。だから、北海道のみなさんの気持ちがよく分かりました」


飯盛は交流会に参加した際、室谷に「高く売れるよう、純米吟醸酒など高付加価値商品に使える酒米に育てよう」と呼びかけた。

それは言葉だけに終わらなかった。富久千代酒造は「鍋島 純米大吟醸 きたしずく」を発売。飯盛の呼びかけに応じた大分県杵築市の中野酒造は「ちえびじん 純米大吟醸彗星 おりがらみ」、佐賀県鹿島市の矢野酒造は「肥前蔵心 特別純米 超辛口」などに道産酒米を使うようになっている。

北海道の酒米を九州の酒蔵が使うという思わぬ動きに本州の酒蔵も色めき立つ。そして四国・高知の酔鯨酒造も「吟風」を使った「純米吟醸 吟麗」を発売。いまや、道外の70以上の酒蔵が道産酒米を使用するようになっている。室谷は言う。

「川端さんの〝事件〟があったからこそ、必死に道外に酒米の良さを広めようとしました。道外に認めてもらうことで、今度こそ、道内の酒蔵に使ってもらおうと。そうこうしているうちに、2年近くたって川端さんが戻ってきた。その酒蔵が、上川大雪酒造だったわけです」

上川大雪酒造は室谷の思いに応えた。道産米だけにこだわり、現在、三つの蔵を合わせて道内随一の使用量を誇っている。

〝きたしずく事件〟の真相

ここで、北海道の酒造好適米をめぐって起きたある〝事件〟に触れておきたい。

2014年、北海道の3番目の優良品種に認定された「きたしずく」。酒米として欠かせない心白が大きく、収量も多いとあって、品種改良を担当した中央農業試験場の期待の星だった。ところが、「三つの道産酒米を持つことは採算のうえで厳しい」と議論が起こり、危うく登録できない憂き目に遭うところだったという。

酒造好適米について話し合う関係者会合で、酒造業界を代表して出席した北海道酒造組合専務理事の西田孝雄（元札幌国税局酒税課長）は北海道農政部と激突し、「理不尽だ」と席を立った。西田が振り返る。

「農政部の一部は採算性を理由に『三つも酒米を持つのは無理。「きたしずく」を酒造好適米に登録するなら、「吟風」か「彗星」のどちらかを外さないといけない』と主張したんです。われわれ酒造業界は三つの酒米があれば多彩な日本酒のラインアップができるから、一つをつぶすなんてもってのほか。『そういう話なら、わたしは手を引く』と決裂しました」

農政部にも言い分はあった。コメの種子は北海道庁で管理しており、同じ品種の種子を栽培するには、ほかの品種の花粉と交配しないよう専用の水田を用意し、別品種と分けないといけない。北海道の食用米の栽培面積は10万ヘクタールあるが、酒米は300ヘクタールにとどまっている。なのに3種類も種子があると管理コストがかさみすぎる。しかも、「きたしずく」は、「吟風」と「彗星」の間に位置付けられたため、「そんな中途半端な品種を増やす必要があるのか」という議論が巻き起こったのだ。

「きたしずく」の育成を手がけた北見農業試験場の主任主査・田中一生によると、2002年に交配を開始。酒米「雄町」に、寒さに強い北海道の食用米「ほしのゆめ」を交配し、さらに「吟風」を掛け合わせて育成した。品種登録出願をしたのは10年。14年に北海道の優良品種に認定された。交配から12年目のことで、「吟風」や「彗星」の10年目よりも確かに時間がかかっていた。

三つ目の酒米を望んでいたのは酒造会社だけではない。道産酒米の普及を目指していたホクレン原材料課の室谷も「つぶしてはいけない」と思った一人だ。実際、前述したように、杜氏・川端慎治の〝退任事件〟を受け、道産酒米の販路に苦慮した室谷は道外の酒蔵に営業を展開。そのとき持ち込んだ三つの酒米はいずれも採用されている。

「きたしずく」の認定をめぐり、酒造業界を代表する西田がイスをけって会合を退席したあと、西田と善後策を話し合った室谷は「後はこちらで引き受けます。わたしの方で動いてみます」と言い、関係者の説得に当たったという。

一方で、もう一人、動いた人物がいた。北海道産の日本酒の普及活動に尽力している札幌・すすきの北海道産酒ＢＡＲ「かま田」のオーナー・鎌田孝だ。

旧知の杜氏・川端慎治から「そろそろ酒造好適米が絞り込まれるみたい。『きたしずく』の代わりに、『吟風』がなくなるかもしれない」と聞いた。鎌田は「ぼくが道庁に乗り込んで説得する」と請け負うと、単身、農政部に陳情に出向いた。

会議室に通されると、農政部の職員が10人ほどいた。鎌田はひるまず、訴えかけた。

「3種類の酒米があってもいいじゃないですか。北海道の日本酒の未来が懸かっているんです。どれが生き残るのか、それを決めるのは市場です。もし売れなかったら、そのとき考えたらいい」

じっと耳を傾ける農政部の職員たち。鎌田には、少なからぬ職員が三つの酒造好適米を望んでいるように見受けられたという。

やがて、三つ目の酒造好適米に「きたしずく」が認められ、「吟風」も「彗星」も外されることはなかった。

果たして、「きたしずく」の逆転劇を生んだ理由はいったい、なにか。

後に農政部長を経て副知事に就任する土屋俊亮が真相を明かす。

「実は、『きたしずく』の最終試験段階に当たる『大規模醸造試験』を行った酒蔵の評価をもらったら、『吟風』や『彗星』とは異なるベクトルの味わいがあって、造り方によって豊潤さもすっきりさも出ることが分かったんです。そこで敗者復活戦となり、3番目の品種に認められました」

こうして三つ目の酒米は無事認められ、道産酒米の多彩さを高めることになる。何よりも、道産酒米の育成にかけた研究員と酒蔵、ホクレン、そして道庁の酒米推進派の情熱が、採算性を乗り越えたということなのだろう。

北海道産の酒米の品種改良に情熱を注いだ田中一生氏、そして道庁で酒米生産の推進役だった農政部出身の土屋俊亮・元副知事をインタビューした。そのやりとりを次に紹介する。

三つの北海道産酒米の育成を手がけた田中一生・主任主査の話

1964年、北海道岩見沢市生まれ。北海道大学大学院で生物資源科学を専攻、博士(農学)。90年に道立中央農業試験場稲作部育種科に入る。酒米「吟風」「彗星」「きたしずく」の育成を手がけたほか、食用米「ゆめぴりか」「ななつぼし」「ふっくりんこ」などの育成に携わった。

――なぜコメの研究を?

大学の研究はマメ中心。試験場でも畑作物研究を希望しようと思ったら、指導教官から「今、北海道の稲研究は面白い。引き受けて頑張りなさい」と言われて。それから20年近くコメ漬けです。

――酒米と食用米の違いは。

酒米は炊飯するとパサパサして固い。でんぷんの種類の一つ「アミロース」の含有率が高いことが関係して、白飯だとおいしくないが、酒造りには適しているんです。

――全国の酒米の動向は。

2021年産の検査数量でみると、兵庫県で誕生した「山田錦」がトップでした。40府県で産地指定を受け、合わせると酒米全体の約40％を占めています。続いて新潟で生まれた「五百万石」、長野の「美山錦」、岡山の「雄町」、秋田の「秋田酒こまち」が上位5位。北海道は「吟風」の9位が最高位で、「彗星」「きたしずく」を合わせて3％弱にとどまっています。

――「山田錦」について。

酒米の王者であり、大きな目標です。兵庫県に何度も足を運んで、県立農林水産技術総合センター酒米試験地の研究員たちと交流したほか、秋田、新潟、広島の研究者とも交流しました。京都の酒蔵「月桂冠」でも勉強をさせてもらいました。

――新たな品種を生み出すには？

稲は、同じ花のなかでめしべにおしべの花粉が付いて、同じ品種の種子を作ります。そこで、品種改良では、おしべとめしべの温度に対する耐性の差を利用して人工交配を行います。まず、葉から出た稲穂を43度のお湯に6分間浸しておしべの花粉を死滅させる。次に、めしべは生きているので、交配させたい別品種のおしべの花粉を振りかけて受精させます。

——交配はどれくらい？

百通りくらいです。交配し実った種子を冬期温室で栽培し3月に収穫します。翌年、北斗市にある道南農業試験場で4～11月に2回栽培を繰り返します。これらの方法によって通常栽培に比べて育成期間が2年短縮される。これが2年目の作業です。

——水田で試験栽培をするのは3年目以降？

そうです。3～4年目に茎や穂の長さ、もみの形や色を注意深く観察し、目標に合うものを選抜します。5～7年目に収量性の評価を行い、優れたものを選んで「空育○○号」と番号を付ける。この間に、水田で冷たい水をかけ流したり、わざと病気を出して、冷害やいもち病に対する強さを調べます。8～9年目に実際の農家で栽培してもらい、従来の品種よりも優れているかどうかを確かめる。すべての試験をクリアして初めて新品種が誕生します。

——途方もない作業ですね。

交配から始まり、世代を重ねて選抜を繰り返します。多くの品種候補が生まれ、そのほとんどが消えていく。新品種はそんな過酷な運命を生き抜いて選び抜かれたもので、数十万分の一の確率のスーパーエリートです。

――交配から10年もかかっています。

食用米なら7～10年で可能ですが、酒米はそうはいかない。実際に醸造してみて、酒造りに適しているのか試さないといけない。これが食用米との大きな違いです。

「きたしずく」の場合、2002年に交配を始め、岡山県の酒米「雄町」に、寒さに強い北海道の食用米「ほしのゆめ」を交配し、さらに「吟風」を掛け合わせて育成しました。品種登録は12年。14年に北海道の優良品種に認定されています。交配から12年目のことでした。このうち06年から国の研究機関「酒類総合研究所」で酒造適性の理化学分析を開始。08～09年に道内の酒造会社に頼んで酒米500キロ～1トンの中規模醸造試験、10～11年に3トン～5トンの大規模醸造試験を行い、ようやく酒造適性が高いと認められました。

――酒米の開発には大変な手間と時間がかかるんですね。

食用米に比べてマイナーな分野。道府県を中心に細々と継続しているのが実情です。そもそも北海道に酒米はなく、ゼロからのスタート。手探り状態で試行錯誤し、苦労の連続でした。

――酒米の品種改良のおもしろさは。

食用米に比べて酒米の育成は歴史が浅い。やるべきことが多く残されているから、やりがいがある。何よりも、育成した酒米品種が北海道で栽培され、これを醸したお酒が飲めるのは、われわれ育種家冥利につきます。

――酒米の開発に北海道の酒蔵の反応は？

酒蔵さんはいつも協力的で、これまで一度も試験醸造を断られることはなかった。それに、杜氏さんの技のすばらしさを実感したことがあります。「吟風」を醸した酒が、年を経るごとに良くなり、5年目にすばらしい酒が生まれ、「吟風」で初めて全国新酒鑑評会の金賞を取りました。杜氏さんが酒米にあわせて造り方を変えていくんです。酒米を育成するのは自分たちの仕事ですが、醸造家である杜氏さんと手を携えないと良質な酒米は生まれないんです。

――田中さんにとって品種改良とは。

20年近くやって、親の特性から子どもの特性が分かるようになりました。「育ちより氏《うじ》」。人間は「氏より育ち」と言いますが、品種は親の特性を見極める。だから、年数はかかりますが、ただ失敗を重ねたわけじゃない。品種改良とは、発明王エジソンにならって、こう言っています。

「わたしは失敗したことがない。ただ、数十万通りのうまくいかない方法を見つけただけだ」

北海道産米の品種開発を推進した土屋俊亮・元北海道副知事の話

1957年、北海道奈井江町生まれ。北海道大学農学部を卒業後、80年に北海道庁に入り、主に農政畑を歩む。農政部次長、経済部食産業振興監、農政部長を経て2019年に副知事就任。24年3月に退任し、現在、道銀地域総合研究所会長。

――北海道産のコメはおいしくなりました。

以前はおいしくなくて、ネコすら食べずにまたいでいくという意味から「猫またぎ」と言われたんです。戦後、食糧管理制度の下でコメは政府が買い上げましたが、1970年代から減反政策が始まり、コシヒカリやササニシキのような自主流通米が出てきて、食味の劣る北海道産米の買い上げは難しくなってきた。そこでコメ担当の係長になったとき、戦略を立てました。

――戦略とは。

食用米も酒米も基本は一緒で、雑味を生むタンパク質を減らすのがポイントです。まず、一部の生産者の反対を押し切ってコメの食味分析データを公表し、タンパク質の低い良質なコメの生産者には減反を緩和する措置をしました。

栽培方法も変えました。「追肥」によって窒素肥料を多く入れてしまうとタンパク質が上がるので、最初の肥料だけにして、しかも根っこによく届くよう「側条施肥」という方法を推奨しました。茎を丈夫にして稲穂の重さで倒れないようケイ酸質資材を肥料に入れたほか、夏の間、水を抜いて土に空気を入れ、リフレッシュする方法も導入しました。また、田んぼの水はけと使い勝手をよくするために土地基盤整理も進めました。

――コメへのこだわりはどこから？

道庁に入ったばかりのころ、米の生産調整でお付き合いした奈井江町の研究熱心な篤農家と稲穂が出始めた夏の日、畦道で話をしたんです。すると「稲は、太陽の光と土と水の恵みで実る。農家はそれを手伝っているだけ。人生で30～40回しか収穫できない貴重な機会なんだ」って言われてね。今でいうＳＤＧｓでしょ。そのときすごく感動したんです。わたしの3人の娘の名にいずれも「穂」を入れるくらい、コメにほれ込みました。

――北海道の試験場は次々と酒米を開発します。

札幌にある国の試験場が昔、「初雫」という酒米を作りましたが、酒のおいしさにつながらなかった。そこで、道立試験場が1990年代から研究を始めた。最初の「吟風」は酒米として芳醇。「彗星」はすっきり。「きたしずく」はおもしろい味わいがあり、純米酒を熱かんにするといい。現在、4番目を育種中です。一番古い「吟風」は収量性や耐冷性が弱いので、これを改善した新品種になるでしょう。

――「きたしずく」の品種登録に当たって、さまざまな攻防があったと聞きます。

稲の種子は北海道庁で管理しています。同じ品種の種子を採るための大本の種子を「原原種」といい、ほかの品種が混ざらないように栽培・管理するのは大変なんです。

食用米の栽培面積が10万ヘクタールなのに対し、酒米は300ヘクタールしかないのに3種類も品種があると管理コストが重い。しかも、「きたしずく」は、「吟風」と「彗星」の間に位置付けられ、中途半端な品種を増やす必要があるのかと議論になりました。ところが、「きたしずく」の最終段階である「大規模醸造試験」を行った酒蔵の評価をもらったら、「吟風」や「彗星」とは異なるベクトルの味わいが認められ、造り方によって豊潤さもすっきりさも出ることが分かった。そこで3番目の品種に認められたんです。

――北海道の米の開発には勢いがある。

食用米でいうと、新潟のコシヒカリは70年前に出て、ずっとエースのまま。北海道のエースは10年単位で「きらら」「ほしのゆめ」「ななつぼし」「ゆめぴりか」と比較的短距離で選手を交替している。酒米3品種も同様に次々と登場しました。

——農政部の有志と「愛酒多飲《あいしゅたいん》」を結成し、北海道産酒を広めるアイデア出しを始めました。

「北海道の地酒の伝道師になろう」と道庁農政部の5人でスタートしました。最初、日本酒飲み放題の居酒屋で「北海道の酒を広めよう」とアイデアを出し合って、それをぼくが事務局になってメモにして共有した。酒を飲むと人との間の垣根が低くなる。そのうち、酒蔵の経営者から杜氏、小売りの方などもどんどん加わって、道議会の食堂やその会場を使って立食パーティーに。ノーベル化学賞を受賞した鈴木章・北海道大学名誉教授が日本酒好きだと聞いて、この会に呼んでお話しいただいたこともありますよ。

——2021年から「北海道米でつくる日本酒アワード」も実施しました。

そうです。道内外の酒蔵が刺激し合うのがいいと思い、酒アワードを設けました。2021年の初回グランプリは茨城県の結城酒造、22年は上川大雪酒造、23年は北竜町産の「彗星」を使った群馬県の龍神酒造でした。道外の酒蔵に門戸を開き、切磋琢磨するのがいい。審査は大勢の一般道民も加わり、「ベロ（舌）メーター」を使って透明性と公開性を担保しています。

函館編

観光都市を変える酒蔵

五《ご》稜《りょう》乃《の》蔵《くら》

函館市の山あいにあった小学校の廃校跡地に建てられた。2階建て延べ床面積834㎡で製造エリアは3蔵の中で最も小さい。高等専門学校の研究ラボを併設する。年間製造量60キロリットル。

HAKODATE SAKE BREWERY
五稜乃蔵
函館高専 醸造ラボ

半世紀ぶりの酒蔵復活

決死の視察団

帯広畜産大学が酒蔵誘致を発表した2019年7月から、わずか3カ月しかたっていなかった。10月24日。1台のチャーターバスが上川町に向かった。乗り込んでいたのは、函館市役所の職員たちと、国立の5年制学校「函館工業高等専門学校」の現職職員、そしてOB・OG企業でつくる「函館高専地域連携協力会」の有志メンバー。目指すは、函館からおよそ500キロ先にある上川大雪酒造「緑丘蔵」だった。

一行は、途中の旭川市内のホテルでチェックインを済ませ、近くで昼食を取った。その席で、視察団の一人がふと弱音を吐いた。

「今度もダメかもしれない」

函館から酒蔵がなくなって半世紀がたつ。これまで、どれほど誘致活動を繰り返してきたことか。湧いてくる不安をかき消そうと、気付けの酒を口にする者もいた。

半日近くかけてようやく上川町に到着した一行は、緑丘蔵を目の当たりにして、その外観に目をむいた。

過去に訪れたどの酒蔵よりも、一回りも二回りも小さい。まるでモダンな一軒家だ。中に入れてもらうと、小作りながら酒造設備も整っている。高専協力会の会長だった漆嵜《うるしざき》照政は、このときの衝撃を覚えている。

「これまでいったい何を見てきたんだって、カルチャーショックを受けました。これなら、膨大な費用も手間もかけないで酒蔵が造れちゃうんじゃないかって」

参加者から「函館には50年以上も酒蔵がありません。なんとしても復活させて、地酒を造りたいんです」「どこの酒蔵も相手にしてくれないんです」と果たせない夢を嘆く声が相次いだ。

そんな湿っぽい空気が漂い始めたころ、上川大雪酒造社長の塚原敏夫は思わぬことを言い出した。

「やろうと思えば、1年もあれば酒蔵できちゃいますけど。どうします？」

函館の一行は「えええっ！」と叫んだきり、驚いて口も利けない。塚原は深くうなずくと「本当ですよ」と請け負った。

視察を終えた一行は塚原たちと一緒に、ＪＲ上川駅前の飲食店「あかし」に場を移して懇親会を始めた。視察団のメンバーは「まだ信じられない」と言いながら、徐々に興奮の度を増していく。会場はすっかり大宴会の盛り上がりを見せ始め、上川大雪酒造から大量に持ち込んだ酒は、みるみるうちになくなっていく。塚原は「こりゃ、足りないぞ。追加分をもってきてくれ」とスタッフを蔵に走らせた。

「やはり原点は、上川町の酒蔵造りなんだな」と塚原はこのときつくづく感じた。小さなまちでも誘致できる酒蔵だからこそ、「うちでもできるかもしれない」とその気になれる。

実際、酒蔵を希望する自治体からひっきりなしに視察団が訪れ、問い合わせも殺到していた。しかし、酒蔵建設には大義が必要だ。その一つが「教育」だと思うようになっていた。塚原は言う。

「上川町では、わたしどもの会社が仲介して、小樽商科大学と上川高校が連携したり、町内にいながら社会人の学び直しである『リカレント教育』を受けたりする環境を整えました。帯広市では、帯広畜産大学のなかに酒蔵を建てて研究教育施設として活動しています。わたしたちのコンセプトは、酒蔵による産業の６次化を通じてまちの活性化に寄与すること。それと同時に、高等教育機関と連携して地方創生を担う人材を育成するところに狙いを定めました。函館市が『高専』の旗を振ってやってきたとき、これだ！と思ったんです」

上川町の小さな酒蔵から始まった物語は、いよいよ三つ目の扉を開けようとしていた。

「菜の花酵母」にかけた函館高専

「酒米を分けてもらえませんか」

函館高専教授の小林淳哉（現一関高専校長）がこんな相談を持ちかけたのは2012年のこと。相手は函館市農務課の加藤秀紀だった。高専と酒米。なかなか興味深い組み合わせだと思い、酒米の利用目的を尋ねてみると、小林はこう打ち明けた。

「函館の花から採れるアルコール耐性のある花酵母で日本酒を造ってみたいんですよ」

函館高専では、「函館に地酒を」というスローガンを掲げ、試験用の日本酒醸造免許を取得。醸造用の酵母を見つける研究を始めていた。

小林が振り返る。

「函館の地で見つけた酵母を使った日本酒なら一つのストーリーが生まれると考えて、自然に咲く花の上にいる酵母探しを始めました。

ハマナス、ツツジ、ジャガイモ、プルーン、エゾヤマザクラ、ウメ。北海道や函館をイメージできる花を片っ端から調べました。それらの酵母を使って、酒米を醸してみたいと考えたんです」

加藤は地酒造りの主旨に賛同し、後述する地元産の酒米「吟風」を提供することにした。加藤には、小林の気持ちがよく分かったからだ。

小林の専門は醸造学ではなく無機化学で、新しいセラミックス材料の開発だった。本業とは縁のなさそうな花酵母探しに小林が入れ込んだのは、地域に根差す高専の存在意義を見出すため、地域貢献のテーマを模索していたからである。まるで放課後を使った部活動のような〝第二研究〟の話に、加藤はひどく共鳴した。

すると今度は、小林から「菜の花を集めていただけますか」とオーダーが入った。函館市民に馴染みの深い海運業者・高田屋嘉兵衛を取り上げた司馬遼太郎の小説『菜の花の沖』をヒントに、菜の花を調べてみたいのだという。

加藤はこの依頼に膝を打った。市内には菜の花が面白いほど咲いている。例えば、牧草地を休ませるために菜の花を植える酪農家がいる。「菜の花プロジェクト」と銘打って菜の花の実から食用油を搾る事業も進行中で、農家から「花なら好きだけ持ってって」と

勧められていた。

加藤は出勤前の毎朝、市内の菜の花畑に通い、45リットル入りのビニール袋に花をいっぱい詰めて、小林に届けた。毎日2~3袋にもなり、これを1カ月ほど続けたという。小林は、高専の学生たちと必死になって菜の花を調べていく。

「加藤さん、アルコールに強そうなのがいたよ」

そう知らせを受けたときは、加藤は跳び上がって喜んだ。抜群に強い発酵力を持つ酵母を発見したというのだ。酒造に適する酵母が見つかる確率は非常に低かったのである。

ただ、酵母は見つけたものの、実験室でのアルコール発酵と、酒蔵で造るプロの日本酒醸造とはあまりにも違いすぎた。高専では米を蒸すのも家庭用炊飯器でまかなうレベル。最初、菜の花酵母は、アルコール発酵はするものの、まるでセメダインのような臭いを放ち、鼻を突いた。悪戦苦闘の連続だった。

そこへタイミングよく、北海道新幹線の新駅「新函館北斗駅」(16年開業)を記念した地酒造りプロジェクトが持ち上がる。函館産の酒米を使い、兵庫県伊丹市の小西酒造が醸造をすることになり、函館高専の菜の花酵母も採用された。こうして14年、「函館奉行(菜の花酵母使用)」として発売されるに至った。

「函館産100%」の地酒を

それでも、高専協力会は地元で醸す地酒にこだわっていた。同会の漆寄が言う。

「わたしの会社にお客さんがやってくると、おもてなしに日本酒を振る舞います。でも、それは函館で造った地酒じゃない。いつも悔しい思いをしていました。そこで、地元に酒蔵を造りたいと思い、10年にわたって各地の酒蔵見学をして回ったんです。でも、いずれもでかくて、費用は10億円もかかる。しかも誘致にはなかなか応じてもらえない。だったら、自前で建てようと休眠中の酒造会社の買収も考えたんですが、負債まで付いてくるのに、杜氏は付いてこない。免許だけもってきても意味がないと頭を抱えていました」

こうした動きに緊密にコミットした人物がいる。函館市農林水産部長だった川村真一だ。

「国は新たな酒造免許を認めていません。だったら既存の酒蔵移転しかない。休眠中の酒蔵の情報収集や、酒造免許の最低製造量を確保できる酒米の量とそれに必要な水田の面積などを調査しました。お酒のブランディングも検討したんですよ。横浜の名物になっ

ているシュウマイの『崎陽軒』のように、函館に来なければ飲むことができず、買うこともできない『酒』というローカル戦略も有効ではないかと考えていました。市議会からも質問されていたんです。『ここは海の幸が豊富な食のまちなのに、地酒がないじゃないか』って」

川村は、上川町に緑丘蔵が立ち上がったころから、その動きを注視していた。帯広畜産大学が酒蔵誘致を発表する時期と相前後して、川村の部下が市の研修制度を使って緑丘蔵を訪問し、総杜氏の川端慎治と面会していた。

「部下がまとめた現地報告書を読んだら、これは脈がある、と思ったんです。その内容を漆嵜さんはじめ高専協力会のみなさんに説明したら、後日、市と一緒に緑丘蔵へ行こうとなったわけです」

面白いのは、函館市の場合、企業誘致を担当する企画部や経済部といった部署ではなく、農林水産部が酒蔵誘致を主導した点だ。

ここに、函館市独自の狙いがあった。酒造りには、原料の酒米を栽培する農家を必要とする。農林水産部は、酒米農家が増えれば、頭を悩ませている耕作放棄地の復活につながると戦略を練っていたのだ。そこには、10年にわたる悪戦苦闘の日々があった。

里山の復活

稲穂の海をもう一度見たい

「函館市には酒蔵がないのに、酒米だけはあったんです」

函館市農務課の加藤が話し始めた。

「2008年のことです。函館市の山あいに亀尾《かめお》地区というエリアがあって、耕作放棄地ばかりで大変なことになっていました。農林水産省の生産調整政策『減反』の影響で1970年代以降、稲作農家がどんどん減ったせいです。現場に行くと、雑草だらけの田んぼの前に農家のおじいさんが立っていて、『昔は、秋になると稲穂が黄金色に輝いてすごくきれいだった。まるで稲穂の海。死ぬ前にあれをもう一度見てみたい』ってつぶやいたんです。それが脳裏から離れなくなって」

加藤たちは、水田をよみがえらせることはできないかと検討を始めた。亀尾地区は元々、江戸時代に北海道初となる幕府の模範農場「御手作場《おてさくば》」が置かれた稲作エリアで、戦後の減反政策が始まるまでは優れた里山の風景をたたえていた。もう一度、黄金色の

「稲穂の海」を見てみたいと加藤たちも思った。

しかし、食用米を栽培すれば国の減反政策に引っかかってしまう。加藤たちは、国の政策にあえてあらがってみようかと知恵をめぐらせた。もちろん、正面突破は難しい。水田を復活させるため、制度に「隙間」はないだろうか、と必死に洗い出してみることにした。

「そこで気付いたのが、減反の対象外だった酒米の栽培でした。酒米なら、ホクレンやJAを通じて酒造会社が農家から買い入れる契約栽培のルートがある。価格も安定している。これなら農家も安心できて、田んぼを復活できるんじゃないかと」

北海道の農業改良普及センターに問い合わせてみると、当時、道産の酒造好適米には「吟風」と「彗星」の2種類があったが、「函館だと温度が高すぎて無理じゃないか」と懐疑的だった。

「それなら、とりあえず試験栽培をしてみよう」と思い立ち、市役所内で予算要求してみた。だが、「そんな夢のような話に予算は付けられない」とはねられてしまう。

それでも加藤たちはあきらめない。使える国の補助事業はないかと探していると、国の緊急雇用対策に行き着いた。失業者を雇う失業対策という立て付けにしたら、耕作放棄地での試験栽培事業は可能じゃないか——。

この「隙間」を突いた事業構想は見事に承認され、2010年、委託先のNPO法人「亀尾年輪の会」の手によって「吟風」の栽培にこぎつけた。

酒米の収穫にも成功し、タンパク質は高かったものの、「やればできるじゃないか」と自信が付いたという。

さて、この酒米を使ってお酒を醸してみたいと思うのが人情だろう。函館市役所から西方へ50キロ先にある札幌酒精工業の厚沢部《あっさぶ》工場（厚沢部町）でサツマイモの焼酎を造っていた。飛び込みで「酒米ができました。これで米焼酎はできますか」と話を投げかけてみた。すると工場側は「おもしろい、やってみましょう」と応じてくれたのだ。工場側は2トンの「吟風」を使って製造を開始。そして12年、四合瓶（720ミリリットル）2400本の米焼酎ができあがった。

この米焼酎プロジェクトに賛同した函館市内の企業「カネス杉澤事業所」が酒類販売の免許を取得し、「北の星」として販売に踏み切った。

「北の星」は評判になり、函館産の酒米の存在も知れ渡った。日本酒向けの花酵母を研究していた函館高専教授の小林が「酒米を分けてほしい」と相談を持ちかけたのは、加藤たちの米焼酎という先行事例がきっかけだったのだ。

祖父の水田を復活させた20代の移住者

ウインタースポーツの聖地・ニセコ町から20代の男性が亀尾地区に移住してきた。スノーボードのインストラクター・日向由友だ。農業を営む祖父の水田に魅せられ、引き継ぐためだった。ちょうど函館市が酒米作りに挑み始めた2010年。かけがえのない新規就農者だった。

手始めに、道南地域発祥の食用米品種「ふっくりんこ」を栽培した。日向はまったくの初心者。近所の農家を熱心に見て回り、栽培方法を一から吸収していった。

18年ごろ、「吟風」の栽培農家が引退すると聞いて農地を引き取り、酒米作りに挑戦することに決めた。この年、実際に栽培してみると、米粒は小さかった。生のまま口に含んでかんでみると、味がしない。甘味がないのだ。

2年目は苗作りを変えた。肥料を扱う店舗の意見を取り入れ、有機の活力剤を使ってみた。水をあげるタイミングも農業指導員のアドバイスに従って工夫した。

苗作りから稲穂が実るまで、日向は現場に付きっきりだった。「大きくなあれ」といとおしく語りかけ、成長する過程を写真に撮ってＳＮＳのインスタグラムにアップした。やがて実った米粒は実に大きく、かんでみると甘味が口いっぱいに広がった。「これが本物の酒米なんだ」と日向はうれしくなった。

後述するように、有機の酒米を栽培している当別町の今井民生は後年、日向から話を聞いて「有機はおいしいお米を作り出します。苗作りだけでも有機にすると十分効果があるんですよ」とほめてくれたという。

川端は当初、函館産の酒米に不安を覚えていた。日向を紹介したのは、函館市農林水産部長の川村。自信があった。

実際に日向の酒米を醸してみると、川端は「変な反応をする米だな」と言い出し、途中から「これはとんでもない良質な酒米じゃないのか」とうなるようになった。「変な反応」とは、有機米が見せる兆候だという。品質検査をしてみると、優れた低タンパク米だと分かり、川端は二度驚いたという。

日向は、でき具合を米そのものに聞くのが流儀だ。低タンパク米をかんでみると、みずみずしくて粉っぽさがなく、味がしっかりのっている。

これは、亀尾地区が低タンパク米を生み出す粘土質の土壌に恵まれているからではないか。しかも、山あいから亀尾地区に流れ出る川の水質の良さもあるはずだ。澄んだ川のせせらぎは、周辺の空気を清浄化させていると日向は思う。亀尾地区は、空気までミネラルたっぷりの甘い香りがするからだ。

農業振興に廃校を生かす知恵

冒頭で触れた函館の酒蔵誘致に話を戻そう。

函館市の視察団を受け入れたわずか17日後の2019年11月10日、上川大雪酒造の塚原と川端、山田藤多、設計士・大島有美の4人が早くも函館市役所を訪問している。ちょうど帯広畜産大学の碧雲蔵建設が同時並行で進んでおり、翌20年5月の完成を待って、函館市内の用地探しから始めることで話がまとまった。

市の中心市街地から10キロ余り離れた山間地域の亀尾地区を視察したのは、20年7月25日。当時の写真が残っており、3階建ての学校の校舎が写っている。その前年に廃校になった亀尾小学校だ。

この亀尾地区を提案したのは、農林水産部長の川村だった。ここは市街化調整区域に当たり、工場が建てられなかった。だが、市営の「亀尾ふれあいの里」という農業体験施設があり、酒米農家もいる地域だ。質の良い水も出る。酒蔵ができれば、農業の活性化につながるというストーリーができあがる。そこで、「農村地域活性化基本構想」を改定し、酒米や農業振興に欠かせない建物として酒蔵を位置付け、規制をクリアしようと考えた。

立地の将来性も構想を後押しした。中心市街地から亀尾地区に至る沿道には、道内屈指の名湯「湯の川温泉」や日本初の女子修道院「トラピスチヌ修道院」が点在し、さらに亀尾地区から山あいを縫って20キロほど先へ進むと、世界遺産「北海道・北東北の縄文遺跡群」の構成資産「垣ノ島遺跡」「大船遺跡」にたどり着く。亀尾地区は函館空港からのアクセスも良い。将来の有望な観光ルートの中継地点に酒蔵エリアを設けようと狙いを定めたわけだ。こうして農業の活性化と観光に寄与するという2枚看板を打ち出し、建築規制に風穴を開けることができたのだ。

注意深い読者なら、お気付きだろう。上川大雪酒造の三つの酒蔵誘致にいずれも法的規制の壁が立ちふさがるとき、行政側や大学側に理解ある知恵者が現れ、規制の壁を打ち破っている。

真の地方創生につながる官民連携とは、「民」のアイデアとパワーを「官」がとことん生かし、その果実をまちづくりに取り込める知力と胆力を持つ行政パーソンがいないと始まらないのではないか。地方創生モデルなるものに流行《はや》り廃《すた》りがあり、その多くがついえてしまうのは、そこに「人物」がいないからである。

川村はこうして、教育委員会が所管する使い道のなかった山あいの廃校を農林水産部の所管に移し、酒蔵用地に充てることに成功した。一般的に、公共施設が使われなくなると、廃屋化するのを避けるため、「除却」と呼ぶ解体作業を行う。これには莫大な費用がかかるため、なかなか着手するのは難しい。酒蔵用地に使うというアイデアは、市にとって一石二鳥であった。

なお、農林水産部は廃校跡地を酒蔵側に当面、貸し付けることにした。この点について市政をチェックする立場にある函館市議会には「当該酒蔵は当面は経費の支出のみで収入を得られないことから、今後の酒蔵の経営状況を見極めた上で売買について改めて協議する」と説明し、速やかに承認された。函館市議会もこぞって酒蔵誘致を望んでいた証しである。

究極の酒蔵

コンパクトな蔵

3度目の酒蔵設計に挑んだ大島は、過去2回の酒蔵造りの知見を総動員することになった。予算との兼ね合いから、よりコンパクト化が求められていた。

総杜氏の川端とは徹底して議論した。まず、仕込みタンクはほかの二蔵よりも一回り小さい1500リットルのタイプにした。そして大胆にも、蔵全体を2室構成に集約することにした。

1室は「冷やす部屋」。仕込み、圧搾、酒母造りといった工程をつかさどる作業場はそれぞれ別の部屋を充てるのが一般常識だった。しかし川端は違った。

「冷やす必要がある作業場は、もう一緒にしちゃっていいんじゃないか」

1室に冷凍機を入れて摂氏10度くらいに保ち、搾り機や酒母タンクも持ち込んで一緒にしてしまおうという。これは、上川大雪酒造が挑んできた「兼ねる」の進化系である。

もう1室は「常温の部屋」。蒸したり、瓶詰めしたりする別々の作業工程も1室で兼ねることにした。こうして2室をワンフロアに集約してみると、動線は格段に良くなり、同じ1階にあるショップコーナーの見学窓から作業工程が一目で見渡せるような構成になった。

もちろん、仕込みタンクは床下に半分埋める碧雲蔵方式を採用。動線もフラットになって使い勝手がよくなった。まさに酒蔵のバリアフリー化だ。

しかも2階の事務室から1階の作業場を見渡せるよう吹き抜け構造にし、2階部分に窓を設けて作業場に声がけできるようにした。おかげで、蔵全体が一つの空間のようにつながり、一体感が高まったという。

ちなみに、上川の緑丘蔵は2階に重機を設置したため重みにたえられるよう鉄骨造りにしたが、帯広の碧雲蔵も函館の酒蔵も作業場を1階に集約したため、いずれも2階建ての木造建築が実現し、コストや工期を抑えることが可能になった。

二つの作業場のほかに、1階にはショップと試飲コーナー、高専の使う研究ラボも設置。こぢんまりとしたサイズながら、各コーナーが酒蔵内に機能的に収まった。大島にとって、まさに「究極の酒蔵」となったのだ。

その蔵の名は、函館を象徴する城郭にちなみ、「五稜乃蔵」と名付けられた。

人を惹きつける建築物の力

大島はさらに、酒蔵一帯の開発に強い興味をいだき、イメージ図を描いてみた。そこには、廃校になった校舎と裏山との間を流れる小川のせせらぎや、校庭そばに植わっている「函《かん》斎《さい》松《まつ》」と名付けられたアカマツのシンボリックなたたずまいをそのまま生かしていた。

函館の中心市街地から世界遺産までをつなぐ新たな観光ルートの中継地点として、観光客の往来に応えるための酒蔵のテーマパークをイメージしていた。大島には、揺るぎない思いがある。

「建築物には、人を惹きつけ、コミュニティーをかたちづくる力があると思っています」

大島が引き合いに出すのは、滋賀県近江八幡市にある「ラ コリーナ近江八幡」。菓子ショップとカフェを備えるウッディな建物を緑が屋根まで覆い、周辺のガーデンと一体化。寓話の世界に迷い込んだかのような演出で、県内随一のスポットに生まれ変わった。

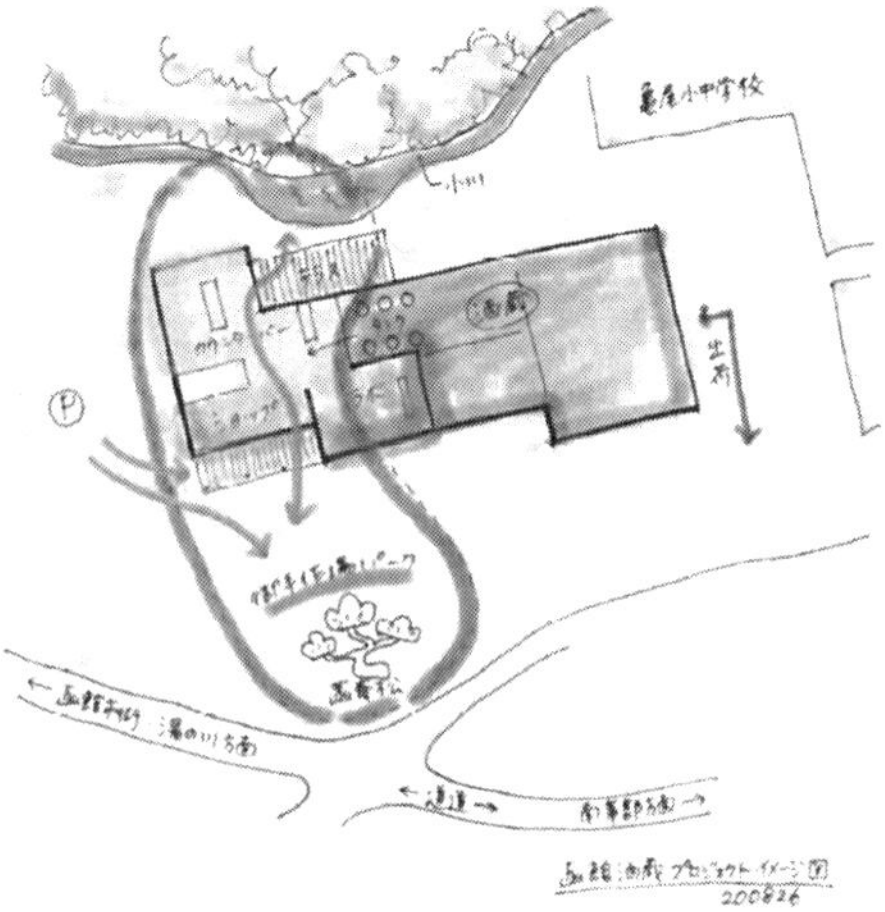

あるいは、広島県尾道市にある海運倉庫をリノベーションしたホテルやレストランの複合施設「ONOMICHI U2」。大島も「人のつながりと地域」を大切にしたかった。

五稜乃蔵にもこうした知恵を生かし、地元の道南杉をふんだんに使って周囲の野山に溶け込んだたたずまいを演出。高専の研究ラボには、理科室で使われた器具や実験台を持ち込んで使うことにした。ショップ内には、校歌の歌詞を記した大きな木板を掲げ、大きな窓から外をのぞくと裏山の風景を楽しめるようにした。

卒業生がここに来たとき、少しでも母校の名残を感じられるようにと工夫した。亀尾地区から巣立った人たちのために、帰る場所を残しておきたいという大島の切なる願いが込められていた。

人気の観光スポットに

2021年11月。54年ぶりとなる函館の酒蔵が亀尾地区に復活した。

早速、仕込みが始まり、翌22年1月に酒米の「彗星」を使った純米酒「五稜」が初出荷されると、蔵に併設するショップ「五稜乃蔵SHOP」では初日限定100本の整理券がわずか6分でなくなる人気ぶりだった。函館空港では販売開始記念セレモニーも開催。初回生産分3000本は即日完売した。

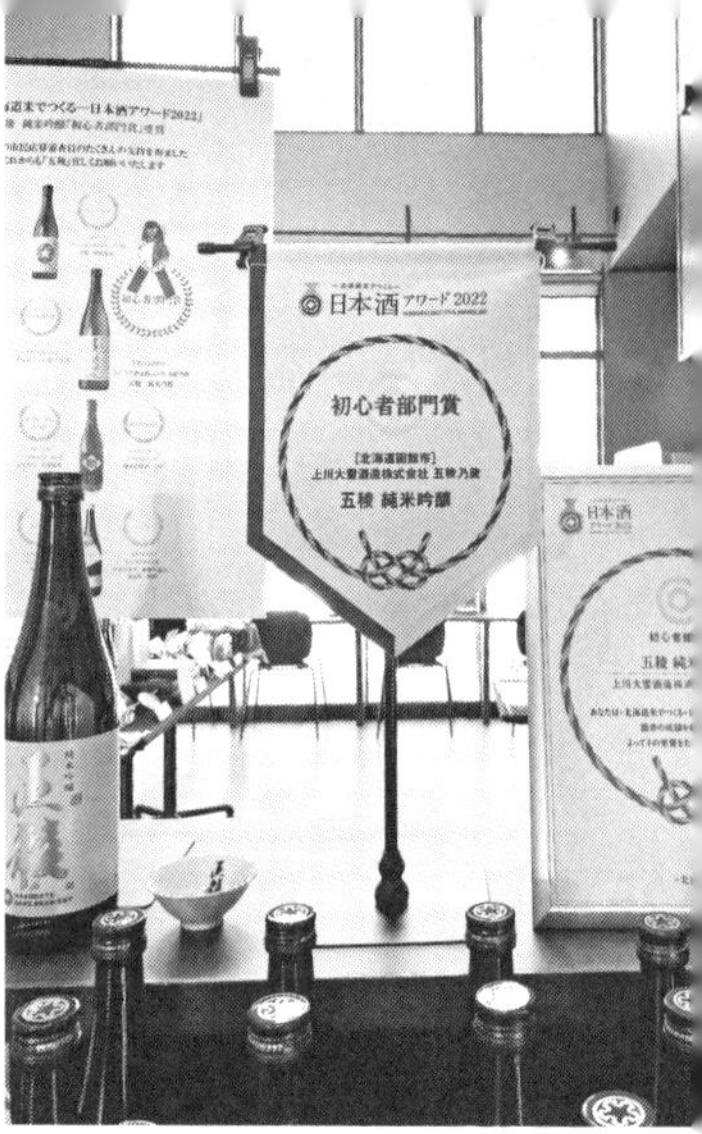

4月には札幌国税局の21年度新酒鑑評会で、早くも入賞した。同年秋には道産米を使った日本酒を対象とした北海道主催「日本酒アワード2022」で五稜乃蔵の純米吟醸が「初心者部門賞」を受賞した。

川端が言う。

「五稜乃蔵のコンセプトは『函館にフラッとやって来た観光客がおいしいと思って手土産に買ってもらえる酒』。だから幅広い層に受け入れられるようなイメージにしました」

ショップはその後、週末や大型連休には大勢の客が押し寄せる人気スポットになり、各種の地酒が楽しめる唎《きき》酒も用意された。

後述する市の「グリーン・ツーリズム」の一環で、酒蔵を中心とした見学テストツアーも実施。亀尾地区はそば作りも盛んで、打ち立てのそばを味わいながら、新酒と合わせる内容だ。参加者からは「これまでの観光地と違い、もっと深い函館を知ってもらえる新たなコンテンツになりうる。リピーターや長期滞在者が増えそう」という意見が多かった。

大島が目指す「酒蔵テーマパーク」構想は、にわかに現実味を帯びつつあった。

高専のシンボルとして

酒蔵内に〝高専ラボ〟

函館によみがえった酒蔵を、静かに見上げている男性がいた。高専協力会会長だった漆嵜だ。

建物の正面に「五稜乃蔵」と並んで「函館高専 醸造ラボ」の文字が書かれた木製の看板が掲げられた。「ようやく高専の蔵ができたんだ」。そうつぶやいたきり、しばしその場を離れることができなかった。

五稜乃蔵の建設には4億円の資金を投じた。漆嵜は、酒蔵の設置会社「函館五稜乃蔵」の社長に就任し、建設費用の半分を、自ら創業したエンジニアリング会社の出資でまかなうことにした。

酒蔵誘致を主導した漆嵜は、隗《かい》より始めよ、の故事のごとく、自ら責任を持って資金を手当てするつもりでいた。ただ、社員の目に、社長の道楽のように映るのではないかと心配が募った。だが、社員たちは「ここまで会社を大きくしたんです。一つくらい好きなことに使ってもいいんじゃないですか」と背中を押してくれた。ただただ、その言葉がうれしかった。

漆嵜の身を切るような決断に、OB・OG会も一致結束した。1千万円を超える募金を集め、高専ラボの開設費用に充てたのだ。今、酒蔵のショップの壁面にネームプレートが掲げられている。ここには、酒蔵造りに協賛したOB・OGの名が一人一人刻まれている。

高専自身も同窓会の期待に報いるべく、発酵醸造関連の授業カリキュラムを大きく改訂した。何よりも総杜氏の川端を高専の客員教授に迎えたのが大きかった。実地の発酵醸造研究や酵母の探求に加え、醸造設備の研究といった高専らしいものづくりに取り組む姿勢を打ち出し、函館高専の独自性を打ち出していった。

高専OB・OG会の底力

五稜乃蔵には「函館高専の思いがいっぱい詰まっています」と漆嵜は言う。

「わたしは函館高専の7期生。機械科を出ました。受験したときは道内にある3年制の進学高校とほぼ同じ難易度。でも、当時の高専には大学に編入進学するコースはなくて、進路はいわば袋小路でした。その意味で、コンプレックスがあった。でも、大学生に負

函館高専

1962年に創設された国立工業高等専門学校の第1期校12校の一つ。5年制の三つの学科がある。このうち「生産システム工学科」は機械・電気電子・情報の3コース、「物質環境工学科」は新素材の開発研究などを担い、「社会基盤工学科」はインフラ整備を学ぶ。卒業した学生の進路先は就職組のほか、4年制大学に編入するケースや、92年に設けられた高専内の「専攻科」に進むコースもある。ここを卒業すると大学卒業相当の「学士」を得ることができる。在校生は全体で1000人超。

けないぞっていう思いが強かったんです」

函館高専同窓の企業家でつくる「函館高専地域連携協力会」の影響力は大きい。函館高専の学生教育や教員研究への支援とともに、産学官が一体となって地域社会の発展に寄与することを目的に設立された。

協力会が協賛して学生が地域課題の解決

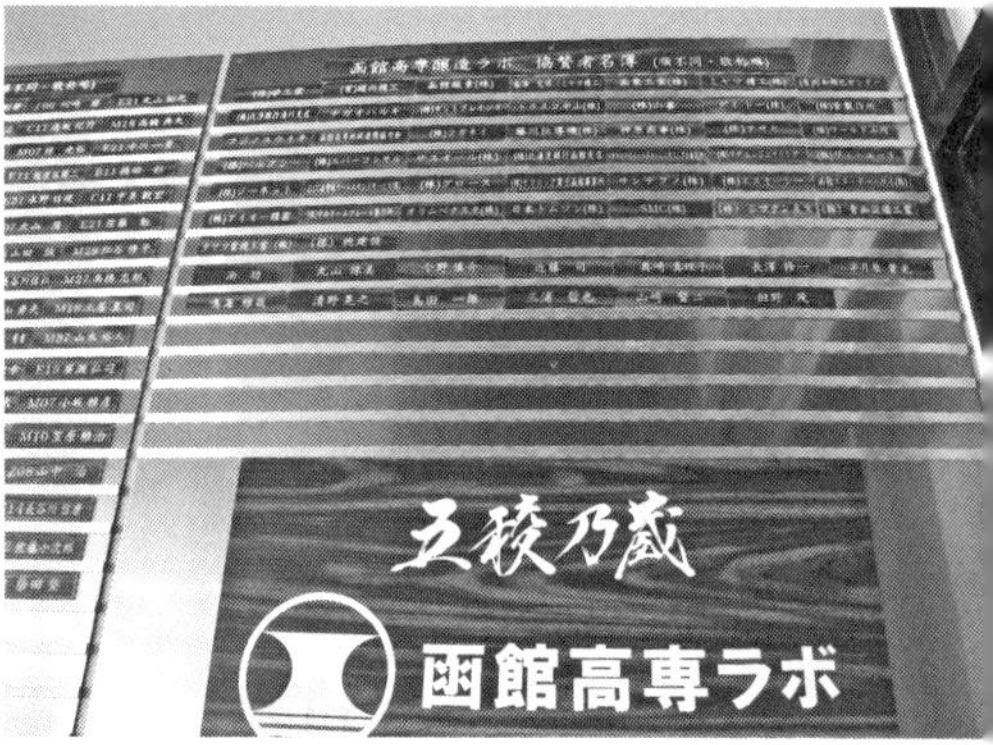

を主体的に進める授業「ものづくり伝承プログラム」が開設されているほか、インターンシップの受け入れも盛んで、卒業生のための就職説明会の参加企業も年々増やしている。集めた会費を元手に、高専の財政支援にも余念がない。

高専には一種独特の団結心がある、と漆嵜は言う。

「寮生活をともにして、5年間、同じ釜の飯を食った同級生もいます。団体生活だからつらいこともたびたびありました。それを乗り越えて卒業した仲間たちの絆は強い。その結晶が高専ラボの創設に結び付いたんです」

そんな漆嵜を喜ばせるできごとがあった。高専の卒業生・小林洸太が五稜乃蔵にあこがれて就職を果たしたのだ。

「高専の出身者から杜氏が生まれるかもしれないよ」

今、漆嵜たちOB・OGは、そんなひそやかな夢を語り合っている。

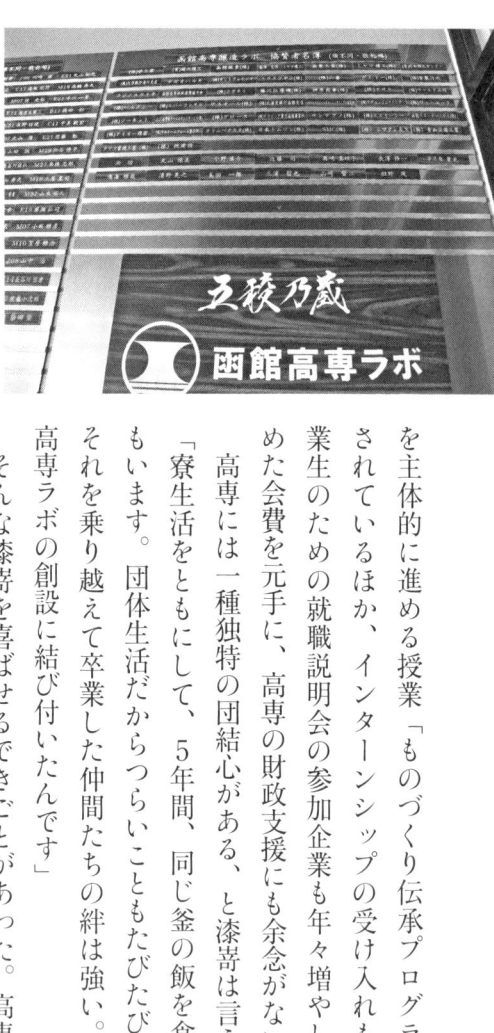

農業がまちを変える

よみがえる稲穂の海

2021年秋にオープンした五稜乃蔵は徹底して函館産にこだわり、酒米作りに一気に拍車がかかった。亀尾地区の作付面積は、19年時点の1ヘクタールから22年時には5倍以上の5・4ヘクタールに拡大。生産性を上げるため、細かく分かれている不整形な水田に基盤整理が施された。

こうした動きを反映したのだろう。函館市への新規就農者が増え始めている。10年前にはゼロが続いていたが、17年に1人、18年2人、19年1人、20年4人、21年3人と就農者が続き、相談件数もここ数年は10件以上を突破。窓口になっている函館市農務課を驚かせた。

その立役者である日向は、コツコツと5軒の農家から土地を借り受け、耕作放棄地を切り開き、水田へとよみがえらせていった。

ニセコから移住してきた日向由友。耕作放棄地を黄金色に輝く稲穂の海へとよみがえらせた。
撮影／川端慎治

23年秋。たわわに実った黄金色の稲穂がしなやかにこうべを垂れ、絵画を見ているような美しい稲穂の海が一面に広がっていた。それはかつて、加藤たちが農家の古老と一緒に復活を夢見た里山の風景にほかならなかった。

稲穂の海を目の当たりにした日向は、自分に言い聞かせるようにつぶやいていた。

「ぼくはこの瞬間のために亀尾に来たんだ」

やがて稲穂の海はかすみ、よく見えなくなった。あふれる涙に視界が邪魔され、仕方がなかった。

日向はこの年、新しい名刺を作り、自身の屋号を「ライスファームHINATA」と名付けた。将来、農業法人を立ち上げて仲間を増やし、亀尾の土地でもっと水田を広げていく。この名刺は、その決意表明だ。

グリーン・ツーリズムの躍進

2022年4月、観光客が農業体験を通じて函館市民と交流する「グリーン・ツーリズム」を広めようと推進会議が立ち上がった。亀尾地区に五稜乃蔵が完成したのに続き、24年には桔梗高台地区にフランスの老舗ワイナリー「ドメーヌ・ド・モンティーユ」の現地法人のワイナリーが完成するタイミングを先取りして、地元の豊かな「食」と「酒」

を組み合わせた新たな観光資源の開発を狙ったものだ。加藤が言う。

「川端総杜氏やワイナリーの矢野映ゼネラルマネジャーのほか、日本航空函館支店長、函館空港課長、湯の川温泉の副理事長らに呼びかけ、そこに生産者の日向さんにも加わってもらって体験ツアーを組みました。農業にどんな観光資源が眠っているのか、みなさんに探ってもらおうというわけです」

例えば、そば打ちと唎《きき》酒のワークショップ。あるいは湯の川温泉の宿泊客を「函館市亀尾ふれあいの里」にいざない、田植えや稲刈りといった農業体験プロジェクトも試してもらった。

よみがえった亀尾地区の稲穂の海と、五稜乃蔵の誕生がすべてのきっかけだった。さらに新たなワイナリーの風景が加われば、函館の地に、より洗練されたグリーン・ツーリズムの魅力が加わるに違いない。

ちなみに、体験ツアーには、市の観光部長と経済部長と農林水産部長が3人そろった。庁内を横断する極めて珍しい動きだそうだ。

わたしたちの酒を造る

市民の地酒プロジェクト

亀尾地区にある市営「亀尾ふれあいの里」には、900平方メートルの水田が4枚あり、かねてから食用米「ふっくりんこ」を栽培する体験農園として知られていた。このうちの半分に酒造好適米「吟風」を作付けし、五稜乃蔵で醸造する「市民の地酒プロジェクト」が2022年にスタートした。

参加したのは市民200人。5月の田植えに始まり、途中の草取り作業などを経て、9月末の稲刈りまで携わった。

収穫量は627キロ。11月から仕込みが始まり、翌12月、純米生酒「函館市亀尾ふれあいの里」（四合瓶、1本1430円）が1000本できあがった。

参加者に優先的に販売されたほか、市民農園をイメージした緑色のかわいらしいデザインのラベルが好評で、収穫に携わった子どもたちは「おじいちゃんやおとうさんにプ

レゼントする」と世代を超えた事業となった。

参加者の間には、「素人の作った酒米でおいしくなるのかしら」と心配する声もあったという。しかし川端は「市民の大切なお米をおいしく醸すのがわれわれの仕事」と自信をみせた。実際に味わってみると、柔らかく、すっきりとした味になり、酒蔵のショップや市内の特約店でも飛ぶように売れた。加藤が言う。

「募集したら、一瞬にして200人の参加枠が埋まりました。これだけの市民が亀尾地区に集まって米作りをするのは壮観です。新聞報道をみて初めて知った市民から『参加したかったのに』とうれしいクレームをいただくほどでした」

参加者の中には、インスタグラムに「わたしがつくったお酒」と画像をアップしたり、参加者同士で「酒米の会」を立ち上げたりする動きも出てきた。酒米の生産地域の真ん中に建てられた五稜乃蔵だからこそ、地域に溶け込み、生産者と一緒になって「市民の地酒」を作り出すことができたのだ。

高専の酒「菜の花酵母」の誕生

2024年1月15日。函館高専と五稜乃蔵が共同開発した特別純米「菜の花酵母」が完成し、この日、四合瓶3000本が発売された。高専教授の小林と学生たちが菜の花から分離した酵母を使い、酒蔵内の研究ラボで日本酒造りに適用できるよう実験を積み重ねてきた。その努力が実り、ついに「高専の酒」が誕生したのだ。

菜の花は函館市内で採取された自生の花。酒米は亀尾地区で日向が栽培した「吟風」。その亀尾地区にある五稜乃蔵で日本酒が造られ、酒を詰める四合瓶のラベルデザインは高専2年の岩館楓音《かのん》の図案が採用された。鮮やかな菜の花をあしらっており、印象的だ。

漆嵜は「蔵も米も酵母もデザインも『オール函館産』の地酒ができあがり、われわれの願いがかないました」と興奮を隠せないでいた。

小林も「地酒が欲しいという地域の思いを形にできたことをとても誇りに思います。おいしいお酒になりました。関係するみなさんに心から感謝したい」と礼を述べた。

川端によると、できあがった酒は酸味が際立ち、キレのある風味に仕上がった。加えて、高専の酒には、単なる品質の追求だけでは得られない魅力があるという。

「花酵母は強力な発酵力を持っていて、感心しました。おかげで、高専の酒ならではのストーリーができあがり、ヒット商品になる魅力を秘めている。楽しみな酒です」

特別純米
五稜《ごりょう》
函館高専 醸造ラボ

函館市・大泉潤市長の話

1966年、北海道江別市生まれ。早稲田大学法学部を卒業後、95年に函館市役所に入る。観光部長や保健福祉部長を経て、2023年4月の市長選で初当選した。実弟は俳優の大泉洋氏。

――2021年に五稜乃蔵が完成し、函館市に酒蔵が復活しました。

新鮮でおいしい海産物などを楽しみたい観光客が多く、「食」の魅力をさらに磨くため、「函館の地酒」が待ち望まれていました。54年ぶりとなる五稜乃蔵が誕生し、「純米大吟醸酒」が全国新酒鑑評会で入賞を果たして全国的な知名度も向上しています。観光面への波及効果も大変大きい。市民の間にも「函館の地酒」として浸透しています。

――市内の酒米農家の取り組みは耕作放棄地の解消に寄与しています。

五稜乃蔵のお酒は、地元の亀尾地域で収穫された酒米で造られています。米農家の方が農地の集積を図って酒造好適米の増産に努めた結果、2年間で集積した面積と収穫量はいずれも3倍以上です。農業所得の向上や耕作放棄地の解消に寄与しています。また、市民農園「函館市亀尾ふれあいの里」の周辺に広がる水田の美しい風景を新たな観光資源としても活用し、地域の活性化が図られることを期待しています。

――農業振興と食や体験型観光ツアーを組み合わせたグリーン・ツーリズムが注目されます。

酒蔵のオープンに続き、フランスの老舗ワイナリーによるワイン生産プロジェクトも始動しました。これまでの都市型観光とは異なり、農業と観光を有機的に結びつけ、新たな観光客層の誘致やリピーターを増やしたいですね。それにより「もう1泊の函館観光」につながる可能性があります。

――五稜乃蔵への期待は。

「市民の地酒づくりプロジェクト」をはじめ、地元に愛される地酒づくりを行っていただいています。今後も、函館市の農村地域の活性化に向け連携して取り組みたいと考えています。

エピローグ

コンパクトな小仕込みの酒蔵モデルの普及

上川大雪酒造の塚原敏夫はよくこんなことを言う。

「人口3千人の上川町でも酒蔵を造ることができました。この成功例がいいんです。『だったら、うちのまちでも造れるんじゃないか』と思えるでしょ。全国から視察にみえます。この小さな町だからこそ、酒蔵がまちづくりのモデルになりえたんです」

上川町に誕生した緑丘蔵は、コストを抑えたコンパクトな酒蔵を可能にした。「わがまちにも」とその気にさせるような汎用性のある酒蔵モデルだ。その例がある。

緑丘蔵の完成から3年後の2020年秋。岐阜県中津川市の老舗酒造会社「三千櫻酒造」が北海道東川町に移転してきた。塚原たちの前例のおかげで移転手続きはスムーズに進んだといい、「北海道は酒蔵ブームに沸いている」と全国的に注目された酒蔵だ。

東川町は酒造会社を誘致するため、3億円余を投じて公設民営の酒蔵を用意した。塚原によると、コンパクトな酒蔵を望んだ東川町から白羽の矢が立ち、酒蔵建設に協力したという。設計は大島有美、施工は廣野組が当たった。緑丘蔵の名コンビである。

緑丘蔵はさらにもう一つ、小仕込みによる高品質な酒造りがビジネスとして成り立つことも証明し、同業他社に影響を与えている。

銘酒「千歳鶴」を擁する道内の最大メーカー「日本清酒」は23年、64年ぶりに新しい酒蔵を建設した。こちらも2階建て。それまでの大規模醸造とはスタイルを変え、高品質な酒を生み出す小仕込みを狙った。こちらにも塚原が相談に乗り、大島が設計に関わっている。

だが、競合他社を支援することにならないか——。塚原に尋ねると「北海道の酒蔵文化を復活させるのが我々の使命だから」と屈託がない。

どうやら、総杜氏の川端慎治も傾倒したあの民藝にその真意があるらしい。

民藝の考えによれば、地域固有の暮らしから生み出された民藝品は、その土地ならではの味わいがあり、一つとして同じものはない。日本酒も、その地域でとれたコメを使い、地元の水で仕込み、地元の蔵が醸し、地元の人びとが何よりもこれを愛飲する。

「民藝品は競争しないし、同じじゃないから共存し、地域間で連携だってできる。日本酒も一緒です」と塚原は達観する。

本州に飛び出す地方創生蔵

酒蔵の誘致話が寄せられるようになった塚原は、酒造りの持つ地域再生の力を改めて認識するようになった。そこで「上川大雪酒造地方創生コンサルティング」を立ち上げ、北海道を飛び出すことにした。向かった先は、東京都府中市だ。

府中市の中心地には、東京・多摩地区最大の「大國魂神社」がある。その御神酒《おみき》を造っていた野口酒造店の酒蔵が休眠状態になって久しかった。酒蔵を復活させたいと相談を受けた塚原は、道外での地域連携モデルの初のケースとして、2022年に酒蔵の設計・ラベルデザイン・基本マーケティングを請け負うコンサルタント契約を結んだのだ。

酒の瓶詰め工場を、小規模な酒蔵に改修する計画に沿って大島が設計した。現場は「甲州街道」と呼ばれる主要幹線道路の国道20号が走る人通りの激しいエリア。まさに都会の真ん中に24年春、酒蔵は完成した。

この酒蔵の試みが面白い。市内にある国立大学「東京農工大学」の大学院農学研究院と協定を結び、大学でできた新品種の酒米で「武蔵日本酒テロワールプロジェクト」を開始。さらに、大國魂神社の梅の花から酵母の分離培養を目指し、私立の東京農業大学と共同研究も始めている。

上川大雪酒造が大学や高専とタイアップした取り組みに類似しているのがお分かりだろう。野口酒造店の思いは、酒蔵を高等教育に生かしたい塚原の琴線に触れたのだ。

塚原はこのほかにも、特色ある地域の魅力づくりにチャレンジしている。

現場は、オホーツク海に面する網走市。市内にある網走刑務所の受刑者が手がける木桶《おけ》を使った酒「網走 木桶仕込み」を造り始めて2年になる。これは網走市が音頭を取り、受刑者の社会復帰と地域活性化を目指す「リエントリー事業」だ。木桶の製作は、香川県で木桶製作技術の継承活動を行う「木桶職人復活プロジェクト」の職人が指導する。刑務所を所管する法務省も高く評価している事業だ。

その網走市でも酒蔵構想が持ち上がり、24年8月、上川大雪酒造は市内に酒蔵を造り、隣接する大空町で生産される予定の酒米を使うことで合意した。早ければ、26年6月から醸造を始めたいそうだ。記者会見を開いた市長・水谷洋一は「世界中に（お酒が）提供できるようになると嬉しい」と抱負を語り、オホーツク沿岸に誕生する酒蔵の未来に期待を寄せた。

こうして、塚原の元には各地から酒造りを通じたまちづくりの依頼が後を絶たない。「酒蔵を起点とした地方創生モデルを各地に広げたい」という思いが、塚原のなかに膨らんでいる。

海外の認める品質へ――有機の酒蔵

総杜氏の川端慎治は、もう一つのプロジェクトに着手していた。緑丘蔵を海外にも通じる「有機の酒蔵」にする計画だ。

農薬や化学肥料を使わない有機ＪＡＳ（日本農林規格）の認証を受けた酒米を使い、かつ、同じ認証を取った酒蔵で醸した日本酒にのみ認められる「有機ＪＡＳマーク」を表示できるよう農水省が法改正し、２０２２年10月に新制度がスタートした。

これにより、外国で採用している有機認証の産品と同等に扱われる道が開かれ、現在、カナダや台湾に「オーガニック」として輸出できるようになった。

海外市場ではオーガニック食品の人気は高く、価値が認められ、高値で取引されている。有機認証によって海外に日本酒を展開しやすくなったのだ。

上川大雪酒造はこのチャンスを逃さなかった。

有機ＪＡＳを取得した二つの農家と以前から取り引きがあり、緑丘蔵では有機の酒類を製造できる「生産行程管理者」の認証を取得。さらに旭川市内の精米業者が投資を行って認証を取得してくれたおかげで、「酒米」→「精米」→「醸造」のすべての工程で条件がそろい、初めて有機ＪＡＳ認証を取得することができた。

上川大雪酒造が「有機日本酒」の発売に踏み切ったのは2023年。北海道で初の快挙だった。

欧州では有機ワインが人気を集めている。川端は、有機日本酒には海外に打って出るインパクトがあると同時に「インバウンド（訪日外国人）を中心に評価されていくのでは」とみる。

実は、上川大雪酒造ではこれまでも有機の酒米を使った日本酒を製造し、品評会などで高評価を受けてきた。付け焼刃で認証を取れるものではない。その歴史は、緑丘蔵の立ち上げ時期にまでさかのぼる。

今井民生「当別町産JAS有機吟風」

緑丘蔵ができた2017年の暮れ。今井は飛び込みで無農薬栽培の酒米「吟風」を川端に持ち込んだ。初対面の川端はいぶかしんだが、手渡された農業試験場の成分分析で出たタンパク質の含有量「6・6％」という数値に顔色が変わった。普通の栽培方法でも「吟風」が7％を切ることはまれだからだ。

翌18年3月に仕込み、1カ月後、搾った酒を味わった瞬間、緑丘蔵の副杜氏・小岩隆一（現杜氏）と目を見合わせた。

「これ、『吟風』らしい癖がないよな」

有機の酒米が酒の品質に大きな影響を与えることに気付いた瞬間だった。

このとき仕込んだ特別純米酒は、札幌国税局新酒鑑評会・純米酒の部で金賞を取った。当別町の土地は泥炭地で、酒米作りにはあまりふさわしくないため、なおのこと注目された。今井が言う。

「まず無農薬を3年続け、有機認証に認められた資材を使って土を良くしました。微生物が入った有機肥料は5種類ほど試し、絞り込んで使っています」

今井の水田には、ミズアオイという絶滅危惧種の植物が可憐な花を咲かせ、さまざまな昆虫や微生物が共生している。

川端によると、今井の育てた有機の酒米は雑味がなく味が膨らみ、ベースがやわらかいという。タンパク質が多少高くても、「雑味」ではなく「味わい」がある。栽培方法が変わるとコメの質も変わるのだ。

川端は、今井の「吟風」を大吟醸にしようとはしなかった。少しでも削るのが惜しいのだそうだ。

今井は当初から、有機JAS認証の日本酒を造ってもらいたいと願っていた。法律が変わり、6年越しの夢がついにかなった。

高山裕将「新十津川町産JAS有機彗星」

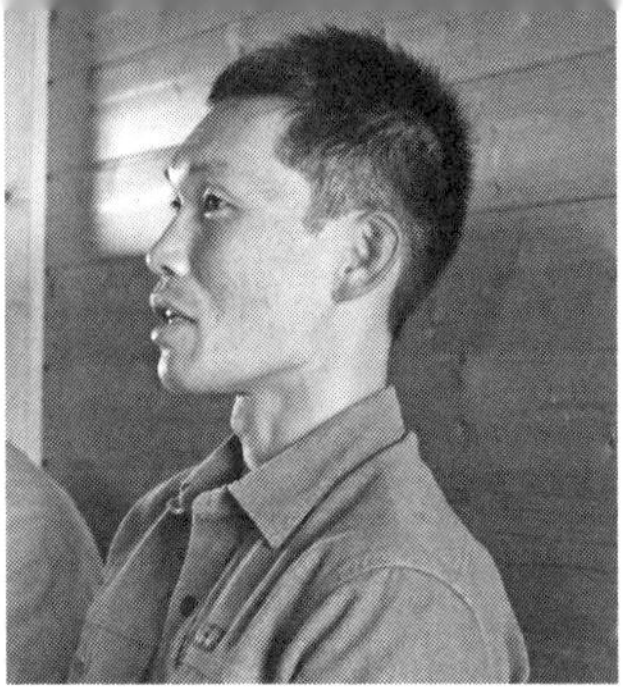

高山が初めて上川大雪酒造に納めたのは、有機の酒米だった。醸した日本酒は、2020年度札幌国税局新酒鑑評会の純米酒の部で金賞を受賞する。高山の鮮烈なデビューによって、有機栽培に対する関心が生産者の間で格段に高まったという。

高山は14年ごろから、酒米と大豆の有機栽培を手がけ始めた。

川端と2人で酒を飲みに店に入ったとき、初めて搾った今井の酒を飲んだ。

「有機の吟風。全然違うだろ」と川端に言われるまで、「吟風」で醸した日本酒を飲んでいる気がしなかった。あとからグッとくる苦みがない。「なんですか、これ」と驚く高山。と同時に、いいタイミングだと思った。「うちも有機の酒米を作るんです」と言うと、「できたら、持って来いよ」と川端が請け負ってくれた。今井の酒米が橋渡し役となった。

高山の無農薬へのこだわりは幼いころの体験に由来する。

「通学中に、農薬の一斉散布のなかを歩いて行くのがつらくて。散布の後には無数の虫の死骸を目にしました。自然の力を借りている農業が自然を敵視しているかのようでした」

この農薬の一斉散布の光景は、無農薬の酒米作りにチャレンジする酒蔵を描いた1988年スタートの人気漫画『夏子の酒』にそっくりそのまま登場する。有機の酒米を手がけるようになった高山が初めてこの作品を手に取り、同じ体験が描かれていることに衝撃を受けたという。

高山は、農薬ばかりか肥料も与えない「自然栽培」に挑戦した。大学で環境問題を学び、環境調査の会社に入って得た知見があった。「自然栽培」で知られる青森のリンゴ農家・木村秋則の影響を受け、見よう見まねに始めた。周囲から「何をやってるんだ」と白い目で見られたが、どうせやるなら有機認証を取ろうと心に決め、無事取得した。

北海道大学が高山の水田を調査したところ、農薬や化学肥料を使う一般の水田よりも、多様な微生物が生息し、窒素を自然界から取り入れる微生物も確認されたそうだ。これなら、過剰な窒素を与える化学肥料はいらない。いもち病の心配もほとんどないという。

「自然栽培をやると収量は下がります。でも、自然界の微生物の力を借りて栽培するところがいい。ほら、酒造りも微生物の力で作るでしょ。麹菌でコメを糖化して、酵母がアルコールにする。いろんな微生物を使っておいしいものを作り出すという技術です。これって、コメの自然栽培と同じだなと思って。そこが面白いから続けられるんです」

カムイが宿る酒「Niptay No.1」

農薬も肥料も一切与えない高山の自然栽培は、北海道の大地に宿る力に頼り、優れた有機酒米を生み出した。上川大雪酒造は、ここに一つの提案をした。

北海道の先住民族「アイヌ」は、自然界にある動植物や水、火、風、山、谷、川に神のような存在「カムイ」が宿ると信じ、礼を尽くして自然と調和し、共存する文化を育んできた。高山の自然栽培に通じるものがある。上川大雪酒造の新村銀之助は、伝統的なアイヌ文化の普及振興を続ける二風谷《にぶたに》アイヌ（平取町《びらとりちょう》）と出会い、ものづくりのありようを学び、アイヌとのコラボを考えついた。それは、北海道の自然と調和したアイヌの暮らしから生まれる唯一無二の民藝そのものだった。

川端と一緒に有機の酒米と向き合ってきた杜氏の小岩隆一は、厳選された自然栽培の酒米を使って入魂の逸品を醸した。パッケージには新村と交流のあるアイヌの工芸家・関根真紀が作成したアイヌ文様のデザインラベルを施し、「オーガニック日本酒」としてこう銘打った。

「Niptay No.1 100% ORGANIC NIHONSHU」

北海道で生まれ、北海道で育まれた上川大雪酒造の今の到達点である。

有機日本酒
北海道
Niptay
No.1
100% ORGANIC
NIHONSHU
KAMIKAWA TAISETSU
HOKKAIDO
Niptay
KAMIKAWA
TAISETSU
HOKKAIDO

酒造りの未来

「上川大雪酒造さんのことは知っていますよ。御社の名前はよく出るんです」

都内のホテルを会場とした北海道の日本酒とワインのイベントで、塚原が初めて名刺交換をした相手からこんな言葉をかけられた。2020年1月のことだ。

声の主は、当時の国税庁酒税課長・杉山真。塚原にとって、酒蔵移転の壁を設けた因縁浅からぬ地方国税局を監督する国税庁の責任者だった。

しかし、杉山は新規参入の推進派で知られ、上川大雪酒造をずっと見守っていた。既に国税庁を離れており、「個人的な見解でしたら」と取材に応じてくれた。国税庁酒税課長になったのは緑丘蔵が完成した翌18年。杉山が言う。

「わたしが課長のとき、二つ目の酒蔵（碧雲蔵）を造っていました。緑丘蔵の実績もあり、国税局では淡々と手続きが進んだと思います。その後、上川大雪がモデルになり、北海道では東川町や七飯町にも酒蔵ができましたが、全国的にも、酒蔵の買収や移転により異業種から新規参入する先駆けになりました」

国税局のエリアを越えた酒蔵移転は極めて珍しいといわれた。杉山の評価はこうだ。

「上川大雪よりも1年ほど前に、岐阜県の酒蔵を買収して東京都港区に移転させた『東京港醸造』の事例があって、大きな注目を集めました。東京港醸造は酒蔵買収の前に、どぶろくやリキュールの酒造免許を取得して実績を重ねていました」

「一方、塚原さんは酒造業界の外から新規参入し、杜氏を含めてチームを作り、出資者を集めて一から会社を立ち上げた。実績ゼロのスタートアップ（新興企業）がいきなり全く新しい酒蔵を立ち上げたというのは、画期的だったと思います」

ただ、塚原によると、酒造免許を引き継いでも、国税局のエリアを越えた酒蔵移転は前例がないという理由で難航した。

「遠いからダメとか、法令に書いてあるわけじゃない。国税局は本来、前例うんぬんではなく、法令上問題がなければ淡々と認めるべき。もっと円滑に手続きを進めてしかるべきだったようにも思います。そもそも既に東京港醸造の事例もありました」

「今でも時々、酒類事業者の方々から当局側の対応について個別に相談を受けることがあります。一般論として言えば、当局の単なる前例主義、門前払いや対応の遅さ、法令上の根拠が不明確な規制は、憲法が保障する営業の自由を違法不当に制約することになりかねません。また、国税局によって対応が異なるなら、それも問題ですね」

地方国税局は「需給調整」を理由に酒造組合に事前照会をかけた。

「その照会に何か法令上の根拠があるのか。ギルドや株仲間じゃあるまいし、同業者の組合が反対したら新規免許は認めないなんてことが、今どきあり得るのか。事業者の免許申請を同業他社に事前に漏らすようなことに問題はないのか。疑問ですね」

新規参入には、上川大雪酒造のように事業継承で製造免許を引き継ぐしかない現状に問題ないのか。杉山は「必ずしも十分ではない」と指摘する。

「製造免許を引き継ぐには、買収先の酒蔵を見つけて、資産査定などをしっかりやらないといけない。従業員や銘柄も引き継いでくれと言われることもある。相撲の年寄株じゃあるまいし、免許にプレミアムが付いて買収価格がその分高くなることもあるとか。スタートアップなど、真新しく始めたいという企業にとっては、余計なコストであったり、ハードルが高かったりすると聞いています」

ところで、杉山は酒税課長時代、さまざまなチャレンジをした。

「国税庁は酒税の徴収だけでなく、酒類業の振興に注力していくと方針転換し、業界を支援する予算も大幅に増やしました。長年の日本酒の規制については、いわば第一歩的に、輸出向けには酒税法改正で新規製造免許を認め、国内向けには試験製造免許の活用を広げました。スタートアップなどによる『その他の醸造酒』（日本酒をベースに副原料なども混ぜた酒）や『ファブレス』（自社は日本酒の企画販売を担い、製造は既存の酒蔵に委託）も歓迎しました。コロナの際は飲食店の酒販免許や高濃度エタノールなどの特例措置を緊急に実施しました」

「日本酒の新規参入規制の見直しには、業界から強い反対やネガティブな意見も数多くいただきました。わたし自身は、日本酒に未来を見出して、あえてリスクをとって新規参入しようという人たちは、業界のためにも、消費者のためにも、大いに歓迎すべきではないかと、いつも考えていました。関係者の理解が深まることを期待しています」

そんな杉山は、酒類行政の改革を次々と打ち出しながら、感じたことがあるという。

「日本酒の新規参入規制を批判する人は少なくないのですが、その壁を突破しようと本気で声を上げ、行動を起こした人が、果たしてどれほどいるだろうか。塚原さんは実際に行動に移し、本当に酒蔵を造った。その行動力はすごいと思います。規制改革には、事業者の側からも、本気で声を上げて行動する人がもっと続いてほしいですね」

酒税課長になる前、杉山は経済産業省の生活製品課長として、繊維製品などの付加価値向上を手がけていた。

「繊維、アパレルもそうだし、さまざまな生活用品、和装や伝統工芸品も担当しました。どれもライフスタイル関連のものづくり産業で、中小企業や老舗企業も多い。酒蔵の状況と共通するところも多いです」

当時も、ものづくりについては、よくこんなことが言われていたという。

「もはや良いモノをつくれば売れるという時代ではない。それだけでは低価格競争にしかならない。消費者はモノを体験して得られる、そのモノならではのストーリーやソリューションなどに高い付加価値、ブランド価値を感じる」

杉山は、ビールやワインと同様、日本酒の世界にも多様なプレーヤーが入ってきて、楽しい体験がもっと生まれて、活性化することを期待しているという。

「日本酒は、今でも歴史や神事、技術やスペックから語りがち。それも大事ですが、さらに言えば、より多くの人々が共感できる魅力、地域や社会に貢献できる価値を、日本酒を通じてどう創り出すか、どう表現するかですよね」

そう語る杉山の目に、今の上川大雪酒造はどう映っているのか。

「上川大雪は、地域とともにあり、教育とともにあり、食とともにある。こうした体験価値にファンは共感し、全国的にも評価されているのだと思います。日本酒による地方創生ということがよく言われますが、新規参入の上川大雪が業界の枠を超えてかくも注目されるということには、大きな示唆があると思います」

杉山の口から漏れたのは、酒蔵移転にかつて難色を示した国税局とはほど遠い、望外なほめ言葉だった。上川大雪酒造は、確かに国を動かしたのだ。

（追記）

本書を閉じるにあたり、付け加えておきたいことがある。

酒造業界に関わるメーカーや国税関係者を取材するうちに「国税から酒造会社にヒアリングがあった」という話をたびたび耳にした。

「もし酒造免許が自由化されたらどのような影響があると思うか」と国税の担当官は聞いているという。ヒアリングを受けたある杜氏はこう言い切ったそうだ。

「望むところです。やる気のある人は酒蔵を建てたいんです」

それは、上川大雪酒造の苦労を何よりも知っていた酒造会社だった。

果たして、酒造りの新たな扉は、開くのだろうか。

もし自由化の扉が開くときが来たら、それは上川大雪酒造の〝最初の一歩〟が後押ししたことを覚えておきたい。

あとがき

本書が生まれたのは、担当編集者・原田敬子さんの一声がきっかけでした。「北海道が酒蔵建設ブームに沸いているんです。なかでも上川大雪酒造さんは、過疎の町や大学構内に酒蔵を建てて、〝地方創生蔵〟とうたっているんですよ」

全国150蔵を扱った『新版 厳選日本酒手帖』（山本洋子著）の編集を手がけていた2021年初めのこと。北海道上川町ではここでしか手に入らない〝幻の地酒〟が生まれ、来訪客がひっきりなしとなり、過疎のまちがよみがえったというのです。

わたしは当時、全国の自治体調査を行い、地方創生の実像を追っていました。まちづくりとは物まねではなく、そのまちにしかない魅力を打ち出すことにこそ成功の道がある、と考えていました。「もしかしたら、探し求めた究極のまちかもしれない」と調査を始めました。あれから本書の出版まで、4年近い月日が流れていました。

その間、東京から北海道へ10回渡り、関係先として福島、福井、岡山も訪れました。上川大雪酒造のみなさんをはじめ、北海道庁、上川町、函館市や帯広畜産大学、酒米農家、ホクレン、酒販店、飲食店のほか、国税庁、名古屋国税局、札幌国税局の関係者、そして支援された各地の酒蔵にもお邪魔しました。数えてみると、50人以上をインタビュ―し、その証言がすべて本書に盛り込まれています。こうした証言のピースの一つでも欠けていたら、三つの酒蔵の物語を描くことはかないませんでした。

一つ、はっきり分かったことがあります。上川大雪酒造は「三重の酒蔵から酒造免許を受け継ぎ、1千キロ以上かなたの北海道に酒蔵移転した稀有なケース」と言われていました。しかし、いざ取材を進めると、移転どころの話ではない。異業種から新規参入した社長の塚原敏夫さんは、酒税法に書いてある新規免許の取得要件を2年かけてクリアしていました。「事実上、新規の酒造免許を取って酒蔵を建てたと言っていい」と国税関係者は証言しました。この事実を本書は解き明かしています。

塚原さんには、類いまれな胆力とアイデアの泉があり、人脈作りの妙技も相まって、絶対不可能な酒蔵建設を実現しました。タッグを組んだ総杜氏の川端慎治さんは民衆とともに歩む民藝の人でした。酒蔵があるいずれの地元住民ともすっかり打ち解け合い、高校時代に打ち込んだラグビーの名言「One for All, All for One」（一人はみんなのために、みんなは一つの目標のために）そのままの人柄でした。

2人のパワーをまちづくりに生かしたのが、上川町長の佐藤芳治さんでした。こんな話を聞きました。

「ヨーロッパの温泉地には人口2千人や1千人でも観光客に沸くまちがある。上川町が目指すのは人口を増やすことじゃない。人を惹きつけ、幸せを感じられるまちへと価値を引き上げることです」

この話を聞いたとき、脳裏に浮かんだまちがあります。ドイツの小さな温泉保養地に学び、豊かな自然の魅力を極限まで引き出して唯一無二の温泉地となった大分県の湯布院町（現由布市）。わたしは佐藤さんと会って心を動かされ、北の大地で新たに行われつつある独自のまちづくりをとことんウオッチしようと決めたのでした。

ところで、3蔵の物語にはいずれも塚原さんにバトンを託す人がいました。一人は、三重の酒蔵「ナカムラ」の中村泰三さん。民事再生をやり遂げ、事業継承しました。父親から引き継いだ酒蔵の魂は、北海道の地で再生されたのです。

帯広畜産大学の酒蔵建設を提案したのは地元の実業家・加藤祐功さん。小樽商科大学、北見工業大学との統合の象徴を夢みて、塚原さんにバトンを渡しました。

函館の酒蔵は、函館高専同窓会の漆嵜照政さんが決断した出資がなければ始まりませんでした。今後、上川大雪酒造のスタッフの下で酒造りを行いつつ、経営は漆嵜さんに一任され、新たな一歩を踏み出します。これは、上川大雪酒造が酒蔵を望む地域に人材と資金を投じ、自立した酒蔵になるまで伴走するという酒蔵事業モデルになりそうです。

そして今年8月。4番目の酒蔵が網走市にできることが明らかになりました。

本書の制作にあたり、上川大雪酒造から三つの酒蔵建設に関する貴重な資料提供を受けました。川端さんからは酒造りの講義記録もいただき、ご自宅で2日がかりの取材も行って酒造りの世界を教わりました。このほか、公開されている各種記録にも当たりましたが、何よりも本書に登場するみなさんが心を開いて証言してくださったことがこの本の礎となりました。本当にありがとうございました。

本書は、〝究極のまちをつくる〟シリーズの第1弾に位置付けられ、第2弾『薬草を食べる人びと～北アルプスが生んだ薬箱のまち「飛騨」』と同時出版となりました。このシリーズに込めた思いがあります。人口減少が止まらない今、住民が生きがいを感じられる持続可能なまちをつくるにはどうしたらいいのか。その答えは、住民と地域企業と支援者が役所との垣根を取り払い、互いの潜在力を引き出して、まちを元気にする唯一無二の魅力を生み出すことではないか。その意味で、〝究極のまち〟のヒントはきっと全国各地にあると予感しています。本シリーズは、そんなまちを追求していきます。

2024年7月22日　垂見和磨

垂見和磨《たるみ・かずま》
1965年、岐阜県生まれ。一橋大学社会学部卒業。90年に共同通信社に入社。岐阜支局、名古屋支社を経て97年に本社社会部で検察取材と調査報道を担当。2008年に千葉支局デスク、10年に本社ニュースセンター、特別報道室、経済・地域報道部、47行政ジャーナルを経て現在、調査部部長職。著書に『薬草を食べる人びと』(世界文化社)。共著に『東京地検特捜部』(講談社)、『崩壊連鎖 長銀・日債銀粉飾決算事件』(共同通信社)。このほか、月刊誌『文藝春秋』に「建設、介護『人手不足』絶望列島」「『介護難民』を生まないまちづくり」を寄稿、『宇宙飛行士 野口聡一の全仕事術』(世界文化社)の編集協力も務めた。

写真提供
上川大雪酒造、上川町
撮影
伏見早織(世界文化HD)
デザイン
三木俊一+髙見朋子(文京図案室)
校正
株式会社円水社
DTP製作
株式会社明昌堂
編集
原田敬子

情報募集

究極のまち編集部では、「究極のまちをつくる」シリーズで取り上げる自治体や企業の情報を募集しています。
メール
machi@sekaibunka.co.jp
まで情報をお寄せください。

究極のまちをつくる1
北の酒蔵よ よみがえれ!
国を動かした地方創生蔵 上川大雪

発行日
2024年10月10日 初版第1刷発行
2024年10月15日 第2刷発行

著者
垂見和磨
発行者
岸 達朗
発行
株式会社世界文化社
〒102-8187
東京都千代田区九段北4-2-29
電話 03-3262-6632(編集部)
03-3262-5115(販売部)
印刷・製本
中央精版印刷株式会社

 ISBN 978-4-418-23601-5